JN000468

ゼロか

LINE Pay
PayPay
楽天ペイ
d払い
au PAY
メルペイ
モバイル Suica

キャッシュレス 導入ガイド

リンクアップ 著

技術評論社

CONTENTS

Chapter 1
スマホ決済の基本を知ろう

Chapter 2
LINE Pay を使ってみよう

Chapter 3
PayPay を使ってみよう

CONTENTS

Chapter 6
au PAY を使ってみよう

Chapter 7
メルペイを使ってみよう

CONTENTS

Chapter 8
モバイル Suica を使ってみよう

Chapter 9
キャッシュレス決済 Q&A

アプリのインストール

スマホ決済の基本を
知ろう

スマホの
キャッシュレス決済とは

Application

スマホのキャッシュレス決済とは、スマホを使って現金を利用せず
にお店での支払いをすることです。実際に支払うときの方法には、
大きくわけてQRコード決済と非接触型決済の2種類があります。

1

現金なしでスマホで支払いができる

キャッシュレス決済とは、現金を利用せずにお店での支払いをすることです。とくに、
2019年10月から2020年6月までに実施された「キャッシュレス・消費者還元事業」によっ
て、キャッシュレス決済は急激に知名度を上げました。それまでのキャッシュレス決済とい
えば、クレジットカードやデビットカード、プリペイドカードなど、主にクレジット会社が発行
したカードを利用したものや、Suica、PASMO、楽天Edyなどを始めとしたカード型の
電子マネーが主流でした。しかし、モバイルSuicaなどが利用できるおサイフケータイとい
う例外もありますが、これらはそれぞれのサービスごとに対応するカードを持っていなけれ
ば決済を利用できず、財布がカードでいっぱいになってしまうというデメリットがありました。
そういったデメリットを解消し、急速に普及しているのがスマホのキャッシュレス決済です。
スマホのキャッシュレス決済とは、スマホを使って現金を利用せずにお店での支払いをす
ることです。決済がスマホ1つで完結するので、財布を持ち歩く必要がありません。また、
スマホのキャッシュレス決済では、不特定多数の人間が触れる可能性がある硬貨や紙幣
といった現金の受け渡しをなくしたり、スムーズな支払いによってレジ待ちの列を解消した
り、キャッシュレス決済専用のセルフレジを利用して店員との対面を避けられたりと、衛生
面でも優れていると考えられています。なお、スマホのキャッシュレス決済は、利用する
店舗によって対応している決済サービスが異なります。店頭に表示されている対応サービ
スの一覧などを事前に確認し、決済を行いましょう。

大きくわけて2種類の決済方法がある

スマホのキャッシュレス決済には、大きくわけて2種類の決済方法があります。1つはスマホに決済用のアプリをインストールして、バーコード／QRコードを利用するQRコード決済です。もう1つは電子マネーを1か所にまとめることができるAndroidスマホのサービスである「おサイフケータイ」や「Google Pay」、iPhoneのサービスである「Apple Pay」といった非接触決済です。また、QRコード決済とGoogle Pay、Apple Payをまとめて「スマホ決済」と呼ぶ場合もあります。

❶ QRコード決済

QRコード決済は、スマホに決済用のアプリをインストールして決済を行います。店舗によっては、専用のコードリーダーでスマホに表示したバーコード／QRコードを読み取ってもらう決済方法と、店頭のQRコードをスマホのアプリで読み取ってスマホに決済金額を自分で入力する決済方法があります。

❷ 非接触型決済

非接触型決済は、スマホに登録した電子マネーやクレジットカードを店頭の専用端末にかざすことで決済を行います。FeliCaやNFCという非接触型決済のチップを搭載したスマホで利用することができます。おサイフケータイやモバイルSuica、Google Pay、Apple Payなどがあります。

QRコード決済とは

QRコード決済とは、それぞれのサービスの専用アプリを利用して、
QRコードやバーコードをスマホで読み取ったり表示したりすることで
決済を行うサービスです。

1

📷 QRコード決済とは

テレビCMなどで知名度を急速に上げたQRコード決済は、それぞれのQRコード決済サービスの専用アプリをインストールし、支払いの際には、アプリを使ったQRコード／バーコードの表示や読み取り操作が必要です。専用アプリは、AndroidスマホとiPhoneの両方で提供されており、操作方法はほとんど同じです。

また、QRコード決済サービスは、連携するポイントを貯めて決済に利用することができます。QRコード決済サービスそれぞれで、独自にお得なポイント還元サービスが展開されているので、自分が貯めたいポイントによって利用するサービスを検討するとよいでしょう。

なお、多くのQRコード決済サービスでは、クレジットカードと連携した後払い方式と、銀行口座やコンビニのATM／レジなどからチャージする先払い方式の両方が利用できます。そのほかに、銀行口座を直接登録して決済と同時に即座に引き落としができるサービスもあります。サービスによって登録できるクレジットカードや銀行口座は異なるので、それぞれのサービスのホームページなどで確認しておきましょう。

おサイフケータイ（電子マネー）とは

非接触型決済の中でも、Androidスマホで利用できるおサイフケータイは、さまざまな電子マネーが利用できて非常に便利です。iPhoneでは利用できないので注意しましょう。

おサイフケータイとは

おサイフケータイは、電子マネーや会員証、ポイントカードなどを1つのアプリで管理できるAndroidスマホの非接触型決済サービスです。おサイフケータイの利用には、［おサイフケータイ］アプリと利用したい電子マネーサービスのアプリのインストールが必要になります。なお、［おサイフケータイ］アプリは、ほとんどの機種でプリインストールされています。ない場合は、Playストアからインストールできます。利用したい電子マネーサービスの初期設定をしておけば、お店で支払いをするときにアプリを操作しなくても、店員に利用する電子マネーを伝えて専用端末にスマホをかざすだけで支払いが完了します。

また、［おサイフケータイ］アプリからは、登録した電子マネーの残高の確認や履歴の確認ができます。

ただし、おサイフケータイを利用するには、スマホがFeliCaを搭載している必要があります。メーカーのホームページなどでFeliCa搭載またはおサイフケータイ対応と表記があるAndroidスマホであれば利用できるので確認しましょう。

Google Payや Apple Payって何?

Google PayやApple Payは、それぞれAndroidスマホとiPhone
で利用できるスマホ決済です。[Google Pay]アプリまたは
[Wallet]アプリにSuicaやクレジットカードを登録して利用します。

1 Google Payとは

Google Payとは、Googleが提供するAndroidスマホで利用できるスマホ決済サービス
です。日本のGoogle Payでは、Suica、nanaco、楽天Edy、WAON、QUICPay、
iD、VISAのタッチ決済という7つの電子マネーが使えます。おサイフケータイと同様に
FeliCa搭載スマホであれば、すべての電子マネーが使用できますが、NFC(type A/B)
のみを搭載しているスマホでもVISAのタッチ決済は利用可能です。支払いの際は、決
済で使う電子マネーサービス名を店員に伝え、専用端末にAndroidスマホをかざします。
おサイフケータイは、[おサイフケータイ]アプリのほかに電子マネーサービスのアプリが
必要でしたが、Google Payは、[Google Pay]アプリだけで登録した電子マネーの残
高の確認や履歴の確認、チャージなどの操作ができます。ただし、オートチャージには対
応していないため、オートチャージを利用したい場合は電子マネーサービスのアプリをイン
ストールしましょう。

●Google Payで利用できる7つのサービス

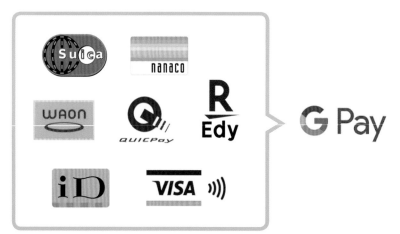

📱 Apple Payとは

Apple Payとは、Appleが提供するiPhoneで利用可能なスマホ決済サービスです。利用できる機種はiPhone 7以降に発売されたすべての機種となっています。プリインストールされている［Wallet］アプリにクレジットカードやSuicaを登録することですぐに利用できます。

クレジットカードを登録すると、自動的に電子マネーのiDもしくはQUICPayが指定されるので、お店で支払いをするときは店員に「iDで」もしくは「QUICPayで」と伝えて専用端末にiPhoneをかざして決済を行います。

なお、支払いの際に［Wallet］アプリを操作したり、iPhoneのロックを解除したりする必要はありませんが、Touch ID（指紋認証）またはFace ID（顔認証）による認証が必要になります。

また、［Wallet］アプリからSuica ／ PASMOの発行をしたり、手持ちのSuica ／ PASMOを登録したりすることで、電車やバスの乗り降りもスマホをかざすだけで完結します。Suica ／ PASMOをエクスプレスカードに設定しておくと、Touch IDやFace IDの認証も不要になります。

● Apple Payで利用できる4つのサービス

スマホのキャッシュレス決済に必要なものは?

スマホのキャッシュレス決済を利用するときに、難しい設定や条件は必要ありません。ただし、QRコード決済の場合は、本人確認をしないと機能が制限されてしまう場合があります。

QRコード決済の利用に必要なもの

QRコード決済の利用には、決済専用アプリのインストールが必須です。サービスによっては、本人確認が必要なものもあるので、運転免許証などの本人確認書類を用意しておくと便利です。

① 決済専用アプリ

利用したい決済サービスごとに専用アプリのインストールをします。なお、本書ではLINE Pay、PayPay、楽天ペイ、d払い、au PAY、メルペイの操作方法を紹介します。

② 銀行口座/クレジットカード/チャージ

決済サービスによっては、あらかじめ残高へのチャージが必要です。ほとんどのサービスでは、銀行口座やセブン銀行ATMからチャージができます。クレジットカードと紐付けて利用できるサービスもあります。

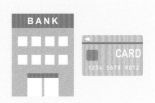

③ 本人確認書類

多くのサービスでは、本人確認をすることですべての機能を利用できたり、利用限度額を引き上げたりできます。運転免許証などの本人確認書類をアップロードする方法や銀行口座の登録により本人確認ができます。

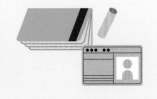

📱 おサイフケータイの利用に必要なもの

おサイフケータイの利用には、FeliCaを搭載したAndroidスマホと［おサイフケータイ］アプリが必要です。前払い方式の電子マネーを利用するときは、事前にチャージをします。コンビニやチャージ機を利用して現金チャージをしたり、クレジットカードでオンラインチャージをしたりとさまざまな方法でのチャージが可能です。提携クレジットカードと紐付けしてオートチャージを利用できるサービスもあります。

① FeliCaを搭載したAndroidスマホ

FeliCaを搭載したAndroidスマホは、背面にFeliCaのロゴが印字されています。iPhoneではおサイフケータイは利用できないので注意しましょう。

② ［おサイフケータイ］アプリ

［おサイフケータイ］アプリは、FeliCa搭載のAndroidスマホであればほとんどのものでプリインストールされています。インストールされていない場合はPlayストアからインストールします。［おサイフケータイ］アプリから各電子マネーサービスのアプリのダウンロードができます。

③ チャージ／クレジットカード

前払い方式の電子マネーの利用には、チャージが必要です。クレジットカードを紐付けるとアプリからチャージが可能です。提携するクレジットカードからオートチャージできる電子マネーもあります。

QRコード決済の
セキュリティは大丈夫?

Application

QRコード決済はセキュリティが心配という声もありますが、多くの
サービスでは独自の対策が取られています。また、自分で設定でき
るセキュリティの強化で、ある程度の被害を防げるようにしましょう。

1 スマホのセキュリティ

「QRコード決済は不正利用されてしまうのではないか」と、思う人もいるかもしれません。
しかし、QRコード決済は、スマホを起動して決済アプリを開いて決済画面を表示させな
ければ利用することができません。そのため、セキュリティ対策をきちんと取っていれば、
自分のスマホでの不正利用を防ぐことができます。

QRコード決済アプリをインストールしている端末は、自分しか使えないように指紋認証や
顔認証などの生体認証でロックをかけておくと安心です。サービスによっては、生体認証
が設定されていないと利用できないものもあります。

また、スマホをなくしてしまったときや盗難被害にあってしまったときのために、スマホを遠
隔操作できるサービスの設定をあらかじめしておきましょう。Androidスマホは[設定]ア
プリで「デバイスを探す」を、iPhoneは[設定]アプリで「探す」をオンにすると、パ
ソコンなどから遠隔でスマホをロックして他人に無断で使われないようにできます。

なお、近年ではセキュリティが甘いWi-Fiネットワークなどから通信データを読み取られると
いう事件が報告されています。QRコード決済に限らず、スマホにクレジットカード情報な
どの個人情報が保存されている場合は、フリーWi-Fiを使わないようにしましょう。

FREE
Wi-Fi

各サービスのセキュリティ

QRコード決済は、利用登録する際にアカウントを作成します。面倒に感じるかもしれませんが、IDとパスワードはほかのサービスとできるだけ同じものを使わないようにしましょう。万が一、利用しているサービスの1つでIDとパスワードの情報が漏洩してしまった場合、同じパスワードがほかのサービスでも使用されていると、連鎖的にすべてのサービスで不正利用される可能性があります。IDとパスワードの管理には細心の注意が必要です。
また、知らないうちに身に覚えのない請求をされ、不正利用が疑われるときは、QRコード決済サービスの対応窓口に申請すると、被害額を補償してもらえる場合があります。ただし、不正利用に気付かず、不正利用の発生から申請までに日が経ってしまうと、補償の対象外になることがあります。決済アプリから利用履歴を確認することができるので、こまめに確認することが大切です。身に覚えのない請求を見つけたらすぐに申請しましょう。
なお、最近銀行口座から各サービスへの不正送金の事例が報告されていますが、これは送金に必要な銀行口座情報（口座番号、名義、パスワードなど）が事前に盗まれているためです。P.18のスマホでのセキュリティ同様、こうした情報も漏洩することがないよう気を付けましょう。

サービス名	申請先	期間・そのほかの条件
LINE Pay	LINE Pay お問い合わせフォーム（https://contact-cc.line.me/serviceId/10712）	損害発生日から30日以内
PayPay	不正利用被害に伴う補償申請フォーム（https://support.paypay.ne.jp/compensation）	損害発生日から60日以内初回または前回申請した日から1年を超えていること 家族や同居人などの利用ではないこと 警察へ被害の届出を行うこと
楽天ペイ	楽天ペイ　カスタマーデスク 0570-000-348 受付時間：9：30 ～ 23：00	損害発生日から60日以内警察へ被害の届出を行うこと 家族や同居人などの利用ではないこと
d払い	ドコモ インフォメーションセンター 0120-800-000 受付時間：9：00 ～ 20：00	損害発生日から90日以内警察へ被害の届出を行うこと 家族や同居人などの利用ではないこと
au PAY	お問い合せ窓口 0120-977-964 受付時間：9：00 ～ 20：00	損害発生日から90日以内警察へ被害の届出を行うこと 家族や同居人などの利用ではないこと
メルペイ	＜マイページ＞→＜お問い合わせ＞から登録の氏名、ニックネーム、住所、生年月日、メールアドレス、携帯電話番号、端末、該当の取引あるいは金額と発生日時を連絡（もしくはsupport-merpay@mercari.comにメール）	被害発生後ただちにメルペイと警察へ被害の届出を行うこと

主要QRコード決済
サービス比較

Application

QRコード決済サービスによって、チャージ方法や利用上限額、貯められるポイントが異なります。ここでは、主要なQRコード決済サービス6種類を比較します。

QRコード決済のサービス比較

さまざまなQRコード決済サービスが乱立していますが、サービスによってチャージ方法や利用上限額、貯められるポイントが異なります。また、利用した料金を携帯電話料金と合算できるサービスもあります。

サービス名	支払い方法	利用上限額
		貯まるポイント
	加盟店舗数	ポイント還元率

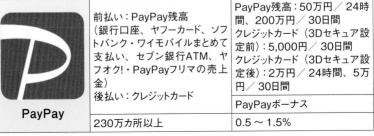

LINE Pay	前払い：LINE Pay残高（銀行口座、セブン銀行ATM、QRコード／バーコード、LINE Pay カード、Famiポート、東急線券売機） 後払い：Visa LINE Payクレジットカード	10万円（本人確認をすると100万円／1回）
		LINEポイント
	約171万カ所	0%（LINE Pay残高） 1〜3%（Visa LINE Payクレジットカード）
PayPay	前払い：PayPay残高（銀行口座、ヤフーカード、ソフトバンク・ワイモバイルまとめて支払い、セブン銀行ATM、ヤフオク!・PayPayフリマの売上金） 後払い：クレジットカード	PayPay残高：50万円／24時間、200万円／30日間 クレジットカード（3Dセキュア設定前）：5,000円／30日間 クレジットカード（3Dセキュア設定後）：2万円／24時間、5万円／30日間
		PayPayボーナス
	230万カ所以上	0.5〜1.5%

楽天ペイ **R Pay**	前払い：楽天キャッシュ （楽天カード、楽天銀行、ラクマの売上金） 後払い：クレジットカード	楽天キャッシュ： 最大30,000ポイント クレジットカード：最大50万円
		楽天スーパーポイント
	約300万カ所	1 〜 1.5% 0%（楽天カード以外のクレジットカード）

d払い 	前払い：d払い残高 （銀行口座、セブン銀行ATM、コンビニ） 後払い：電話料金合算払い（ドコモ）／クレジットカード	d払い残高：49,999円 電話料金合算払い：最大10万円 クレジットカード：クレジットカードの限度額
		dポイント
	約16万カ所	0.5%

au PAY **au PAY**	前払い：au PAY残高 （auかんたん決済、銀行口座、クレジットカード、auショップ、ローソン、セブン銀行ATM）	25万円
		Pontaポイント
	約100万カ所	0.5%

メルペイ 	前払い：メルペイ残高 （銀行口座、セブン銀行ATM、メルカリの売上金） 後払い：メルペイスマート払い	メルペイ残高：10万円 （本人確認をすると100万円／1回・1日、300万円／1カ月） メルペイスマート払い：ユーザーごとに異なる
		―
	約175万カ所 （iD店舗含む）	―

主要おサイフケータイ
サービス比較

Androidスマホで利用できるおサイフケータイは、さまざまな電子マネーが利用できる便利なサービスです。ここでは、主要なおサイフケータイサービス6種類を比較します。

1 おサイフケータイのサービス比較

スマホを専用端末にかざすだけで支払いができるおサイフケータイは、利用できる場所が豊富でとても使いやすい決済方法です。使えば使うほど独自ポイントが貯まるサービスが多く、スーパーやコンビニと提携しているサービスも多いので自分の生活圏にあったサービスを選ぶとよいでしょう。

サービス名	運営会社	汎用性
	支払い方法	貯まるポイント
	利用（チャージ）上限額	ポイント還元率

モバイルSuica	JR東日本	★★★★☆
	前払い方式	JRE POINT
	2万円	0.5 ～ 1% （「Suica登録して貯まる」ステッカーのある店舗のみ） （JR東日本の在来線乗車では2%）

楽天Edy	楽天Edy	★★★★☆
	前払い方式	楽天スーパーポイント
	5万円	0.5%

	イオンリテール	★★★☆☆
WAON	前払い方式	WAONポイント
	5万円	0.5% （イオングループの対象店舗では1%）

	セブン・カードサービス	★★★☆☆
nanaco	前払い方式	nanacoポイント
	5万円	0.5%

	NTTドコモ	★★★★★
iD	後払い方式 （前払い方式・即時引き落とし方式もある）	― （紐付けしたカードのポイントが貯まる）
	10万円	―

	JCB	★★★★★
QUICPay	後払い方式 （前払い方式・即時引き落とし方式もある）	― （紐付けしたカードのポイントが貯まる）
	2万円 （QUICPay＋対応店舗はなし）	―

あなたにおすすめのスマホの キャッシュレス決済サービス

スマホのキャッシュレス決済でどれを利用したらよいかわからないときは、普段の生活にあったものを選ぶとよいでしょう。ここでは、おすすめのスマホのキャッシュレス決済サービスの例を紹介します。

Application

電車やバスに乗りたい

電車やバスなどの公共交通機関をよく利用するのであれば、モバイルSuicaがおすすめです。電車やバスの運賃の支払いを始め、スーパーやコンビニ、飲食店などさまざまな場所での支払いに広く利用できます。また、独自ポイントであるJRE POINTと連携させることで、「Suica登録して貯まる」ステッカーのある店舗などでポイントが貯められ、貯まったポイントはSuica残高にチャージすることができます。JR東日本の在来線エリアであれば、乗車利用額の50円ごとに1ポイント貯まるので、とてもお得です。

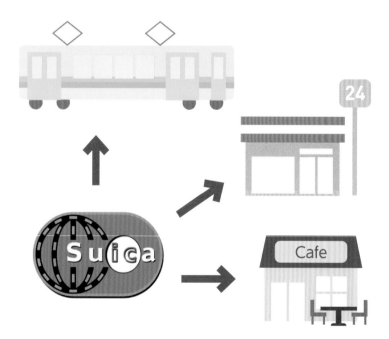

クレジットカードを持っていない

話題のスマホのキャッシュレス決済を利用してみたいけど、クレジットカードを持っていない、というときは、QRコード決済がおすすめです。ほとんどのQRコード決済では銀行口座や現金でのチャージが可能になっています。

とくにおすすめなのは、PayPay、d払い、au PAYです。この3種類のQRコード決済サービスは、事前にチャージしておいた残高から支払いをした場合でもポイントを貯めることができます。また、PayPayはソフトバンクとワイモバイル、d払いはドコモ、au PAYはauの携帯電話料金と利用金額を合算させることができ、請求をひとまとめにできる点もおすすめです。

また、フリマアプリを利用していて売上金を利用したいときは、ヤフオク!とPayPayフリマの売上金が利用できるPayPay、ラクマの売上金が利用できる楽天ペイ、メルカリの売上金が利用できるメルペイがおすすめです。

ソフトバンク
ワイモバイル　　　ドコモ　　　au

ラクマ

ヤフオク!　　メルカリ
PayPayフリマ

ポイントを貯めたい

本書で紹介するスマホのキャッシュレス決済サービスの多くは、利用すればするほど独自のポイントが貯まります。貯まったポイントは、1ポイント1円として残高へのチャージが可能な場合がほとんどです。しかし、チャージ方法や登録するクレジットカード、利用する場所によってはポイントが付与されないこともあるので注意が必要です。

また、共通ポイントである、楽天スーパーポイント、dポイント、Pontaポイントを貯めていて、ポイントカードの提示で貯められるポイントと支払いで付与されるポイントの2重取りをしたいときは、それぞれ楽天ペイ、d払い、au PAYがおすすめです。QRコード決済用のアプリからは、ポイントカードのバーコード表示もできるため、ポイントカードを持ち歩く必要もありません。

1

LINE Payを
使ってみよう

LINE Payとは

LINEの決済サービスであるLINE Payは、LINEのアカウントがあれば誰でも利用できる手軽さが人気のコード決済サービスです。クレジットカードを持っていなくても利用できます。

LINEの決済サービス

LINE Payは、友だちとトークが楽しめるコミュニケーションアプリLINEの決済機能として2014年12月にサービスを開始しました。LINEのアカウントがあれば、すぐに利用を始められる手軽さが人気となっています。なお、決済を含めたLINE Payのすべての機能を［LINE］アプリから利用することができますが、決済機能に特化した［LINE Pay］アプリを使うと、よりすばやくQRコードの表示や読み取りが可能になります。

入金・決済方法

LINE Payの決済方法には、LINE Pay残高にお金をチャージしてから使う前払い方式と、登録したクレジットカードにあとから請求される後払い方式があります。しかし、後払いの場合、街中でコード決済をする場合はVisa LINE Payクレジットカード以外のクレジットカードへ請求することができないことになっています。そのため、Visa LINE Payクレジットカードを持っていないときは、登録した銀行口座やセブン銀行ATM、東急線券売機などでLINE Pay残高にチャージしてから決済を利用しましょう。

前払い（LINE Pay残高）		後払い
銀行口座	現金	クレジットカード
○	○ （セブン銀行ATM、QRコード／バーコード、LINE Payカード、Famiポート、東急線券売機）	△ （Visa LINE Payクレジットカードのみ）

特徴を確認して賢く使う

LINE Payの基本的な利用方法は、店舗でQRコードを提示したり、
読み取ったりして支払うコード決済ですが、LINE Payカードや
Visa LINE Payクレジットカードを発行するとより便利になります。

LINE Payカードを発行できる

LINE Payカードを発行（P.43参照）すると、国内外のJCB加盟店でLINE Pay残高が
利用できるようになります。また、Androidスマホでバーチャルカードを発行すると、
Google Payに登録することで、全国のQUICPay＋ 加盟店での支払いにも使えます。
利用できる場所が増えるだけでなく、LINE Pay残高から利用するプリペイドカードなので
使い過ぎの予防にもなります。

Visa LINE Payクレジットカードがあれば使えば使うほどお得になる

Visa LINE PayクレジットカードをLINE Payアカウントに登録し、支払いに「チャージ＆
ペイ」機能を利用すると、LINEポイントクラブのポイント還元を受けることができます。
LINEポイントクラブは、過去6カ月のポイント獲得数に応じてマイランクが変動し、ランク
が上がるとポイント還元率が高くなります。使えば使うほどお得になるので、日常の支払
いをLINE Payに集約するとよいでしょう。なお、LINE Pay残高にチャージした金額から
支払いをした場合は、ポイントを貯めることができません。

支払い方法	LINE Pay残高	チャージ＆ペイ			
マイランク	—	レギュラー	シルバー	ゴールド	プラチナ
ポイント還元率	0%	1%	1.5%	2%	3%
ランクアップ条件	—	過去6カ月で0～99ポイント獲得	過去6カ月で100～499ポイント獲得	過去6カ月で500～4,999ポイント獲得	過去6カ月で5,000ポイント以上獲得

Application

LINE

利用を開始する

LINE Payは、[LINE] アプリのウォレット画面からすぐに登録する
ことができます。 LINE Payのパスワードの登録は任意ですが、
決済を行うときなどに必要になるので先に登録しておきましょう。

LINE Payの利用登録をする

1 [LINE]アプリを起動し、<ウォレット>をタップして、<今すぐLINE Payをはじめる>をタップします。

2 <はじめる>をタップします。

3 <すべてに同意>をタップし、<新規登録>をタップします。

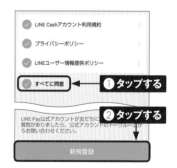

4 登録が完了し、「LINE Pay」画面が表示されます。なお、Facebookログインなど、LINEに電話番号を登録していない場合は、電話番号の認証が必要になります。

パスワードを設定する

(1) 左ページ手順④の画面で<Pay パスワードを設定せずに機種変更 すると、ご利用中のPayアカウン トが利用できなくなります。ここを タ…>をタップします。

(2) LINE Payで利用する6桁のパス ワードを入力します。

(3) 手順②で入力したものと同じパス ワードを入力します。

(4) パスワードの設定が完了します。 指紋認証機能があるスマホでは、 このあと、パスワード入力の代わ りに指紋認証を利用する設定画 面が表示されます。

画面の見かたを確認する

Application

LINE

LINE Payは、画面上にバーコード／ QRコードを表示したり、コードリーダーでQRコードを読み取ったりして支払いを行います。ここでは、LINE Payを利用するときの基本となる画面を紹介します。

「ウォレット」画面

※利用登録後、P.30手順①のあとに表示される画面

LINEポイントクラブ
LINEポイントクラブのマイランクとLINEポイント数が表示されます。

コードリーダー
タップすると、店頭のQRコードを読み取るためのコードリーダーが起動します。

LINE Pay
タップすると、「LINE Pay」画面（P.33参照）が表示されます。

コード支払い
タップすると、店頭で提示するバーコード／ QRコードが表示されます。

LINE Pay残高
LINE Payに銀行口座などからチャージした残高が表示されます。

マイカード
ポイントカードや会員証などをまとめることができます。

利用レポート
タップすると、LINE Payで支払いをした履歴やチャージした履歴を確認できます。

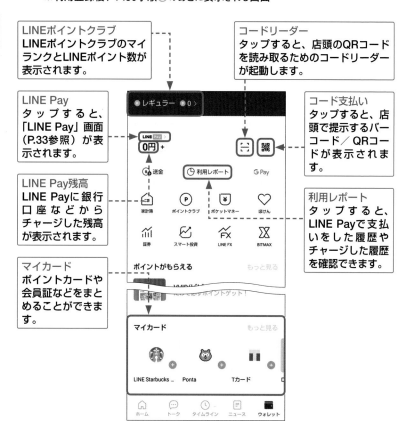

「LINE Pay」画面

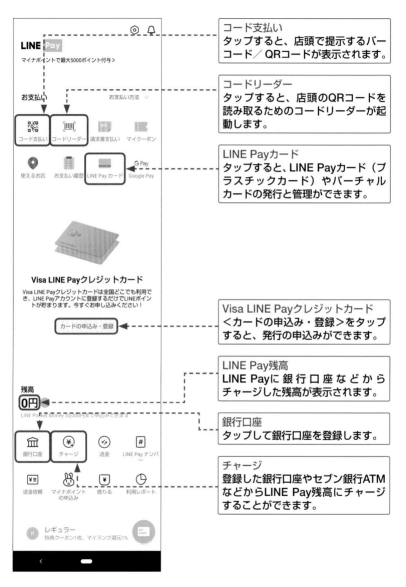

コード支払い
タップすると、店頭で提示するバーコード／QRコードが表示されます。

コードリーダー
タップすると、店頭のQRコードを読み取るためのコードリーダーが起動します。

LINE Payカード
タップすると、LINE Payカード（プラスチックカード）やバーチャルカードの発行と管理ができます。

Visa LINE Payクレジットカード
＜カードの申込み・登録＞をタップすると、発行の申込みができます。

LINE Pay残高
LINE Payに銀行口座などからチャージした残高が表示されます。

銀行口座
タップして銀行口座を登録します。

チャージ
登録した銀行口座やセブン銀行ATMなどからLINE Pay残高にチャージすることができます。

[LINE Pay] アプリを利用する

[LINE Pay] アプリを利用すると、決済がすばやく行えてとても便利です。[LINE Pay] アプリでは、[LINE] アプリの「LINE Pay」画面から行える各種の設定などをすることもできます。

[LINE Pay] アプリを利用する

(1) [LINE Pay] アプリをインストールしたあとに起動し、画面を左方向に2回スワイプして、<LINEログイン>をタップします。

①2回スワイプする

残高
26,000円

②タップする

LINEログイン

(2) <許可する>をタップします。

LINE Pay
提供者 ● LINE Pay Corporation
LINE Payで簡単に安全に支払いをしましょう。

サービス提供者が次の許可をリクエストしています。

許可が必要な項目

▶ プロフィール情報(必須)

タップする

許可する

(3) 「ログインしました」と表示され、画面が自動で切り替わります。

LINE Pay

ログインしました

(4) P.31で設定したLINE Payのパスワードを入力します。

入力する

LINE Pay

サービスの安全なご利用のため、LINE Payパスワードをもう一度入力してください。

パスワードをお忘れの場合

1   2   3

⑤ ＜確認＞をタップします。指紋認証を設定していると（P.31手順④参照）、認証画面が表示されます。

タップする

⑥ ＜確認＞をタップします。

お支払いを行うには、位置情報へのアクセスをLINE Payに許可してください。

確認

タップする

⑦ 位置情報へのアクセス許可画面が表示されるので、＜許可＞もしくは＜許可しない＞のどちらかをタップします。

この端末の位置情報へのアクセスを LINE Pay に許可しますか？

許可しない　許可

タップする

⑧ 初期設定が完了します。

Application

LINE

支払い方法を登録する

Visa LINE Payクレジットカードを持っていない場合、LINE Pay
でQRコード決済をするときは、LINE Pay残高へのチャージが必要
です。ここでは、チャージ用銀行口座の登録方法を解説します。

銀行口座を登録する

(1) 「LINE Pay」画面（P.33参照）
で<銀行口座>をタップします。

(2) 登録可能な銀行の一覧が表示さ
れるので、自分の口座がある銀行
（ここでは<三井住友銀行>）を
タップします。

(3) <OK>をタップします。

MEMO 本人確認

LINE Payでは、銀行口座から
のチャージ（P.38参照）や送
金／出金などを利用するには、
本人確認が必要になります。銀
行口座を登録することで本人確
認ができますが、「LINE Pay」
画面（P.33参照）で<設定>
→<本人確認>の順にタップし
て、本人確認をすることもでき
ます。なお、本人確認には通常
数分から数時間かかります。

④ 利用規約が表示されるので、最後までよく読み、＜同意します＞をタップします。

⑤ 名前、生年月日、口座情報、住所などを入力し、＜次へ＞をタップします。

① 入力する

・姓名(漢字)
姓　　名

・姓名(カナ)
セイ　　メイ

・生年月日

・市区町村・丁目
(例)新宿区新宿4-1-6

・番地以降
(例) 4-6

建物名
(例)新宿ミライナタワー28階

次へ

② タップする

⑥ 銀行のWebサイトが表示されるので、画面に従って口座登録をします。

< インターネット口座振替契約受... ×
direct3.smbc.co.jp

三井住友銀行　　　　　　ヘルプ
SMBC
インターネット口座振替契約受付サービス

ログインはこちらから

SMBCダイレクトの第一暗証を入力し、「ログイン」ボタンをクリックしてください。
(契約者番号と第一暗証でもログインいただけます。また、インターネット専用の第一暗証を登録されているお客さまもこちらからログインしてください)
なお、本取扱については「普通預金規定」により取扱います。

店番号　　　　　　　口座番号

⑦ 口座登録が完了すると、「銀行口座の登録完了」画面が表示されます。×をタップすると、「LINE Pay」画面に戻ります。

< 銀行口座の登録　　　　　×

タップする

銀行口座の登録完了
銀行口座からのチャージが
可能になりました

チャージ

MEMO **メールアドレスの登録**

銀行口座をLINE Payに登録するには、LINEアカウントにメールアドレスを登録する必要があります。登録していない場合は、手順④のあとで「銀行口座の登録失敗」画面が表示されるので、＜確認＞をタップして、LINEに戻り、メールアドレスを登録しましょう。

銀行口座の登録失敗
この機能を使うには、LINEにメールアドレスを登録する必要があります。

確認

2

Application

LINE

チャージする

LINE Pay残高へのチャージには、さまざまな方法が用意されています。Sec.15で登録した銀行口座以外にも、セブン銀行ATMやFamiポートといったコンビニでチャージすることができます。

銀行口座からチャージする

1 「LINE Pay」画面（P.33参照）で＜チャージ＞をタップします。

2 ＜銀行口座＞をタップします。

3 チャージに利用する銀行口座をタップします。

4 チャージ金額を入力し、＜チャージ＞をタップします。

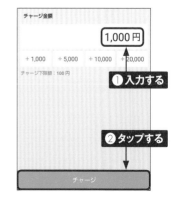

セブン銀行ATMから チャージする

(1) セブン銀行ATMで<スマートフォンでの取引>をタッチします。

タッチする

(2) P.38手順②の画面で<セブン銀行ATM>→<次へ>の順にタップします。

チャージ方法を選択 ×

タップする

(3) セブン銀行ATMに表示されるQRコードを読み取り<次へ>をタッチし、スマホに表示される4桁の企業番号を入力して、<確認>をタッチします。チャージする紙幣を入れ、<確認>をタッチします。

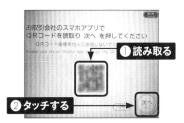

お取引会社のスマホアプリで QRコードを読取り 次へ を押してください

❶読み取る
❷タッチする

Famiポートから チャージする

(1) P.38手順②の画面で<Famiポート>をタップします。

チャージ方法を選択 ×

タップする

(2) 姓名とチャージ金額を入力し、<チャージ>をタップします。

姓名
水野麻友子

チャージ金額
1,000円

+ 1,000 + 5,000 + 10,000 +20,000

❶入力する
❷タップする

チャージ

(3) 受付番号、予約番号(申込番号)が発行されます。Famiポートで<代金支払い>→<イーコンテクスト(インターネット受付)>→<番号を入力する>の順にタッチし、画面に従って手続きをします。レジでチャージ金額を支払うとチャージ完了です。

・受付番号:
・予約番号(申込番号):
・払込期限: 2020.08.06 16:17
・利用可能なコンビニ

Application

LINE

お店で利用する

お店で利用するときは、LINEの「ウォレット」画面からバーコード／QRコードを提示する方法と、店頭のQRコードを読み取る方法のどちらかを利用します。お店によって決済方法は異なります。

コードを提示する

(1) 「ウォレット」画面で 圞 をタップします。

タップする

(2) LINE Payのパスワードを入力します。

入力する

(3) バーコード／QRコードが表示されます。画面をレジで読み取ってもらうと、支払い完了です。

MEMO [LINE Pay]アプリでコードを提示する

[LINE Pay]アプリは、起動するとすぐにバーコード／QRコードが表示されます。

店頭のQRコードを読み取る

(1) 「ウォレット」画面で⛶をタップします。

タップする

(2) コードリーダーが起動するので、店頭のQRコードを読み取ります。LINE Payのパスワードを入力します。

入力する

(3) 支払金額を入力し、＜次へ＞→＜○○円を支払い＞の順にタップすると、支払い完了です。なお、店舗によっては支払金額の入力画面が表示されない場所もあります。

① 入力する

② タップする

2

[LINE Pay]アプリで 店頭のQRコードを読み取る

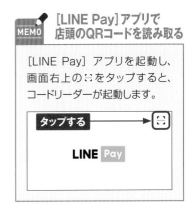

[LINE Pay] アプリを起動し、画面右上の⛶をタップすると、コードリーダーが起動します。

タップする

LINE Pay

Application

LINE

便利機能を利用する

コード決済以外にも、LINE Payにはさまざまな便利機能や決済方法が用意されています。QRコード決済が利用できない場面でLINE Payを使えるようにすることも可能です（P.44MEMO参照）。

オートチャージを設定する

(1) 「LINE Pay」画面で＜チャージ＞をタップします。

(2) ＜オートチャージ＞をタップします。

(3) 「オートチャージ」の ◯ をタップし、◯ にします。

(4) 必要であれば、銀行口座とオートチャージ条件を設定します。

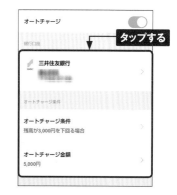

📱 LINE Payカードを発行する

(1) 「LINE Pay」画面で＜LINE Payカード＞をタップします。

(2) ＜プラスチックカードを申し込む＞をタップします。

(3) カードのデザインをタップして選び、＜次へ＞をタップします。

(4) 名前を入力し、＜次へ＞をタップします。

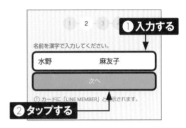

(5) 郵便番号を入力し、＜次へ＞をタップします。

(6) 住所を入力し、＜申込確定＞をタップします。カードが届くまで約1〜2週間かかります。

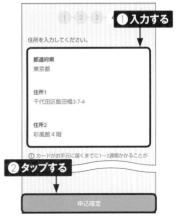

📱 Androidスマホでバーチャルカードを発行してGoogle Payに登録する

(1) 「LINE Pay」画面で＜Google Pay＞をタップします。

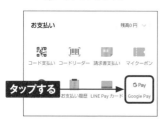

(2) ＜Google Payに登録＞をタップします。

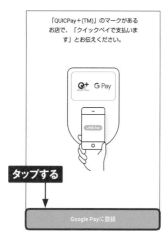

(3) ＜確認＞をタップし、＜バーチャルカードを発行＞をタップします。

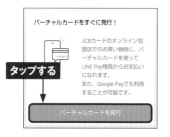

(4) LINE Payのパスワードを入力します。

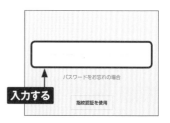

(5) バーチャルカードの発行が完了します。手順②の画面が表示されるので、再度＜Google Payに登録＞をタップし、画面に従って登録します。

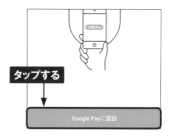

MEMO 利用できる店舗が増える

LINE Payカード（プラスチックカード）を発行すると、国内外のJCB加盟店で、バーチャルカードを発行してGoogle Payに登録することで全国のQUICPay+加盟店でLINE Payが利用できるようになります。QRコード決済が利用できない店舗でも利用できるようになるため、活用の幅が広がります。

Visa LINE Payクレジットカードを発行する

1 「LINE Pay」画面で＜カードの申込み・登録＞をタップします。

Visa LINE Payクレジットカード
Visa LINE Payクレジットカードは全国ど **タップする**
き、LINE Payアカウントに登録するだけ
トが貯まります。今すぐお申し込みください！

カードの申込み・登録

2 ＜クレジットカードを申し込む＞をタップします。

タップする

クレジットカードを申し込む

クレジットカードを登録

3 上方向にスワイプし、画面下部の＜同意のうえ、入力画面へ進む＞をタップします。

SMBC 三井住友カード

Visa LINE Payクレジットカード
会員規約等

① スワイプする

合、ご利用いただ情報が
れることに同意のうえ申し込みます。

私は、キャンペーン情報やサービス案内など
② タップする ンが送信される場合があるこ
のうえ申し込みます。

同意のうえ、入力画面へ進む

4 「Visa LINE Payカード　オンライン申込」画面が表示されるので、画面に従って申込みを行います。審査が通りカードが届いたら、手順②の画面で＜クレジットカードを登録＞をタップしてLINE Payアカウントに登録しましょう。

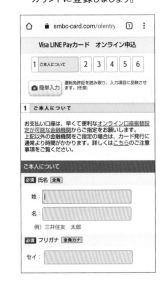

⌂　🔒 smbc-card.com/olentry　▣　⋮

Visa LINE Payカード　オンライン申込

1 ご本人について　2　3　4　5　6

📷 簡単入力　運転免許証を読み取り、入力項目に反映させます。(任意)

1　ご本人について

お支払い口座は、早くて便利な<u>オンライン口座振替設定</u>が可能な金融機関からご指定をお願いします。
上記以外の金融機関をご指定の場合は、カード発行に通常より時間がかかります。詳しくは<u>こちら</u>のご注意事項をご覧ください。

ご本人について

必須 氏名 全角

姓：

名：

例）三井住友　太郎

必須 フリガナ 全角カナ

セイ：

> **MEMO　チャージ＆ペイを利用できる**
>
> Visa LINE PayクレジットカードをLINE Payアカウントに登録することで、事前チャージしなくても利用できる後払い機能「チャージ＆ペイ」が利用できます。支払い方法を「チャージ＆ペイ」にすることで、LINEポイントクラブによるポイント還元を受けることができるようになります。

iPhoneでApple ID残高にチャージする

1 「ウォレット」画面で「マイカード」の<App Store&iTu…>をタップします。

タップする

2 初回は<追加できるカードをみる>をタップし、<今すぐ追加>をタップします。

App Store & iTunes ギフトカード

一枚のカード、楽しみ方は無限大。
Appも、ゲームも、音楽も、映画も、iCloudも、この一枚で。

タップする

キャンセル　　今すぐ追加

3 <コードの購入>をタップし、金額を入力して<同意して次へ>をタップします。

2,000円　◀ ❶入力する

+500　+1,000　+5,000　+10,000

500円から50,000円までの金額を1円単位で自由に選ぶことができます。

❷ タップする

同意して次へ

4 <○○円を支払う>をタップします。

クーポン ⓘ　　　　　　　　　　クーポン検索

選択されたクーポンはありません。

ご利用ポイント ⓘ　　　　　　　　　　　0

0 P　すべて使用

1ポイント＝1円として計算されます。

タップする

お支払い方法
ⓘ この加盟店では、クレジットカードを使用できません。

2,000円を支払う

5 LINE Payのパスワードを入力し、<コードを使う>をタップします。

「コードを使う」ボタンをタップして、お使いのApple ID残高へのチャージを完了しましょう。

取引番号 20200813830015414010

コードを使う

※「コードを使う」をタップすると、Appleの提供する画面へ移動し、今お使いのiPhoneでログイン中のApple IDへチャージして、コードを利用します。
※後からご利用することをご希望の場合は、「コード」からご確認いただけます。
※あなたの知らない第三者に、コードを渡さないでくださ

タップする

6 画面右上の<コードを使う>をタップすると、Apple ID残高へのチャージが完了します。

キャンセル　　**コードを使う**　　コードを使う

タップする

XX11235613213455

デバイスのカメラで
ギフトカードを読み取れます。

コードが枠で囲まれているカードのみカメラで読み取ること

PayPayを
使ってみよう

PayPayとは

Application

PayPayは、ソフトバンクとYahoo！JAPANの出資で設立したコード決済サービスです。キャンペーンが頻繁に開催されており、還元率の高さも人気の1つとなっています。

ソフトバンク・ワイモバイルユーザーならすぐに使える

PayPayは、ソフトバンク・ワイモバイルと連携することができるため、利用登録をしておくと獲得したPayPayボーナスの利用などができてお得です。連携するときは、＜アカウント＞→＜外部サービス連携＞→＜ソフトバンク・ワイモバイル＞の順にタップして設定します。設定すると、銀行口座の登録やクレジットカードの登録をしなくても「ソフトバンク・ワイモバイルまとめて支払い」による残高チャージができます。

入金・決済方法

PayPayの決済方法には、PayPay残高にお金をチャージしてから使う方法と、登録したクレジットカードなどにあとから請求される後払いがあります。 PayPay残高へのチャージは、銀行口座やセブン銀行ATMから行えるほか、ソフトバンク・ワイモバイルのスマホの請求とまとめて支払うことも可能です。なお、ヤフーカード以外のクレジットカードからPayPay残高にチャージすることはできません。

前払い（PayPay残高）			後払い（PayPay残高）	後払い	
銀行口座	現金	そのほか	クレジットカード		そのほか
○	○（セブン銀行ATM）	ヤフオク！・PayPayフリマの売上金	ヤフーカード、ソフトバンク・ワイモバイルまとめて支払い	○	PayPayあと払い（一括のみ）※一部のユーザーにのみ提供

Application

特徴を確認して賢く使う

外部サービスと連携すれば、獲得した特典をPayPayで利用することができます。また、ポイントの還元率が前月の利用状況で異なるため、使えば使うほどお得になります。

前月の利用状況で還元率が違う

PayPayのポイント還元システムは、前月の利用状況によって翌月の還元率が変動するPayPay STEPを採用しています。また、その際に付与されるのはPayPayボーナスです。

支払い方法	PayPay残高、PayPayあと払い（一括のみ）、ヤフーカード		そのほかのクレジットカード
支払い対象	PayPay加盟店、請求書払いサービス	Yahoo!JAPANの対象サービス	―
基本還元率	0.5%	1%	0%
追加条件 （1日 0:00 ～ 同月 末日 23:59まで）	100円以上の決済回数が50回以上＋0.5%		―
	利用金額が10万円以上＋0.5%		
最大還元率	1.5%	2%	0%

PayPay残高は4種類ある

PayPayマネーは、＜アカウント＞→＜詳細＞→＜本人確認＞の順にタップして本人確認を行うと有効になります。優先順位は支払いに使用される順位です。

優先順位	名称	チャージ方法	出金	送る、わりかん	有効期限
1	PayPayボーナスライト	× （特典やキャンペーンによる付与）	×	×	付与日から60日
2	PayPayボーナス				無期限
3	PayPayマネーライト	ヤフーカード/ソフトバンク・ワイモバイルまとめて支払い		○	
4	PayPayマネー	銀行口座/ヤフオク!・PayPayフリマの売上金/現金	○		

Application

利用を開始する

PayPayの利用には携帯電話番号が必要です。なお、以前に同じ携帯電話番号でPayPayを利用していた場合は、その携帯電話番号を新規で登録することはできません。

アカウント登録をする

(1) [PayPay] アプリをインストールしたあとに起動し、携帯電話番号とパスワードを入力して、<上記に同意して新規登録>をタップします。

(2) 手順①で入力した電話番号宛にSMSで認証コードが届くので、4桁の数字を入力します。

(3) <閉じる>をタップします。

(4) 登録が完了し、「ホーム」画面が表示されます。

画面の見かたを確認する

Application

[PayPay]アプリを起動すると「ホーム」画面が表示されます。「ホーム」画面には、PayPay残高からの支払いがすばやくできるバーコードが表示されています。

画面の見かた

スキャン
タップすると、店頭のQRコードを読み取るためのコードリーダーが起動します。

Tカード
タップすると、モバイルTカードを表示できます。

チャージ
PayPay残高へのチャージができます。

その他
タップすると、「ホーム」画面に表示しきれていない機能が一覧で表示されます。

アカウント
利用レポートや各種設定、マイコードの表示などができます。

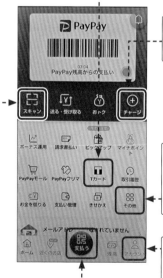

支払う
タップすると、店頭で提示するバーコード／QRコードが表示されます。PayPay残高から支払う場合は「ホーム」画面上部のバーコードを提示することもできます。

Application

支払い方法を登録する

PayPayを利用する際は、クレジットカードの登録やチャージ用の銀行口座の登録を事前に済ませておくとスムーズです。PayPay残高へのチャージ方法はSec.24で紹介します。

クレジットカードを登録する

1 「ホーム」画面で<その他>をタップします。なお、本人認証サービスを登録済みのヤフーカードであれば、PayPay残高にチャージも可能です。

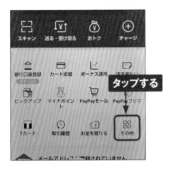

2 「管理」の<カード追加>→<許可>の順にタップします。

3 クレジットカードを写すとクレジットカード番号が自動で入力されます。有効期限とセキュリティコードを入力し、<追加する>をタップします。

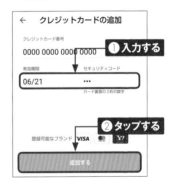

4 <閉じる>をタップします。

銀行口座を登録する

(1) P.52手順②の画面で「管理」の<銀行口座登録>をタップします。

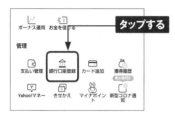

(2) 自分の口座がある銀行(ここでは<三井住友銀行>)を検索し、タップします。

(3) <次へ>をタップします。

(4) 支店名、口座番号、口座名義、生年月日を入力し、それぞれの画面で<次へ>をタップします。

(5) <登録手続きをする>をタップすると、銀行のWebサイトが表示されるので、画面に従って口座登録をします。

(6) 口座登録が完了したら<閉じる>をタップします。この状態では、P.54でチャージした残高はPayPayマネーライトになります。<本人確認をする>をタップして本人確認(P.60 ～ 61のクレジットカードの本人認証とは別)をすると、出金も可能なPayPayマネーとしてチャージされます。

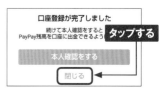

Application

チャージする

PayPay残高から支払いをすると、PayPayボーナスによる還元が
受けられます。PayPay残高にチャージするには、銀行口座やセブ
ン銀行ATMで現金チャージする方法などがあります。

銀行口座からチャージする

1 「ホーム」画面で＜チャージ＞を
タップします。

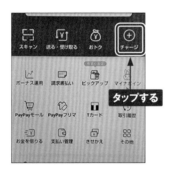

タップする

2 チャージ金額を入力します。

← チャージ ⑦

チャージ後の残高 3,000 円

金額 **3,000** 円

+3,000 +5,000 +10,000 +30,000 ...

三井住友銀行
SMBC

入力する

PayPayマネーライトにチャージされます
PayPayマネーにチャージをするには本人確認を ⑦

3 ＜○○円チャージする＞をタップし
ます。

タップする

MEMO 別の銀行口座やヤフー
カードからチャージする

手順②または③の画面で銀行名
をタップすると「チャージ方法の
選択」画面が表示されます。2
つ以上の銀行口座やヤフーカー
ドを登録している場合は候補が
表示されるので、タップして変更
します。

セブン銀行ATMからチャージする

1 セブン銀行ATMで<スマートフォンでの取引>をタッチします。

2 ［PayPay］アプリの「ホーム」画面で<チャージ>をタップします。

3 「その他のチャージ方法」の<セブン銀行ATM>をタップします。

4 <セブン銀行からチャージする>をタップします。

5 セブン銀行ATMに表示されるQRコードを読み取り<次へ>をタッチし、スマホに表示される4桁の企業番号を入力し、<確認>をタッチします。チャージする紙幣を入れ、<確認>をタッチします。

Application

お店で利用する

お店で利用するときは、バーコードを提示する方法と店頭のQRコードを読み取る方法のどちらかを利用します。また、<支払う>をタップするとバーコード決済の支払い方法を変更できます。

バーコードを提示する

(1) 「ホーム」画面で<支払う>をタップします。

(2) ▶をタップします。

(3) 「支払方法の選択」画面が表示されるので支払い方法（ここでは<クレジットカード>をタップします。

(4) 「支払い」画面に表示されるバーコード／QRコードをレジで読み取ってもらうと、支払い完了です。

📷 店頭のQRコードを読み取る

① 「ホーム」画面で<スキャン>を
タップします。

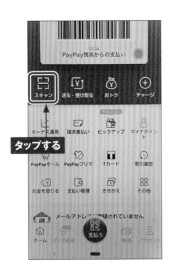

② 「読み取り」画面が表示されるの
で、店頭のQRコードを読み取ると
「支払い金額の入力」画面が表
示されます。

③ 金額を入力し、 > をタップします。

④ 「支払方法の選択」画面が表示
されるので支払い方法（ここでは
<クレジットカード>）をタップしま
す。

⑤ <支払う>をタップします

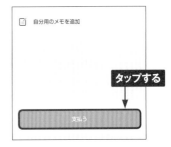

3

便利機能を利用する

PayPayをお得に利用したいときは、外部サービスとの連携がおすすめです。また、クレジットカードの本人認証をすることで1カ月の利用上限金額を引き上げることができます。

Application

Tポイントと連携する

(1) 「ホーム」画面で<Tカード>をタップします。

タップする

(2) <有効にする>→<今すぐ連携する>の順にタップします。

モバイルTカードを表示するには
Yahoo! JAPAN IDとの連携が必要です

外部連携画面から登録のうえ
再度お試しください

今すぐ連携する

閉じる

タップする

(3) <上記に同意して連携する>をタップします。

ワイモバイル　連携する
SoftBank　未連携

有効にすると、各種特典の受け取りや「ソフトバンク・ワイモバイルまとめて支払い」による残高チャージができます。

YAHOO!
JAPAN

以下に同意してYahoo! JAPAN IDと

ヤフーからのお客様データ提供

上記に同意して連携する

タップする

(4) Yahoo! JAPAN IDを持っている場合はログインします。ここでは、<IDを新しく取得する>をタップしてYahoo! JAPAN IDを作成します。

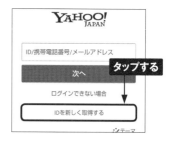

YAHOO!
JAPAN

ID/携帯電話番号/メールアドレス

次へ

ログインできない場合

IDを新しく取得する

タップする

⑤ <通常のID登録>をタップし、画面に従って登録します。ソフトバンクユーザーは<スマートログインでID登録>をタップすると登録がかんたんにできます。

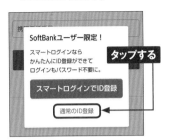

⑥ Yahoo！JAPAN IDの登録が完了するとPayPayに戻り、「Yahoo！JAPAN ID連携が完了しました!」と表示されるので<閉じる>をタップします。

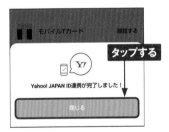

⑦ WebブラウザでTサイト（http://tsite.jp/）にアクセスし、<ログイン>→<Y！ログイン>の順にタップします。

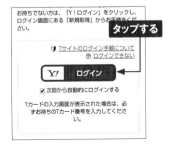

⑧ ここでは、モバイルTカード専用Tカード番号を発行します。<持っていない>をタップし、<発行する>をタップします。

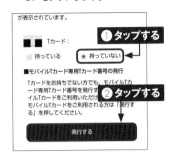

⑨ 氏名、電話番号、住所などを入力し、規約を確認して<規約に同意して登録する>→<登録する>の順にタップします。

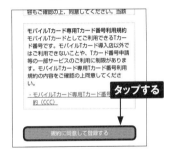

⑩ [PayPay] アプリの「ホーム」画面で<Tカード>をタップし、初回は本人確認のため生年月日を入力して、<次へ>→<同意する>の順にタップすると、モバイルTカードが表示されます。

3

59

クレジットカードの本人認証をする

(1) 「ホーム」画面で＜その他＞→＜支払い管理＞の順にタップします。

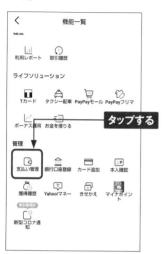

(2) 画面上部のカードを左方向にスワイプします。

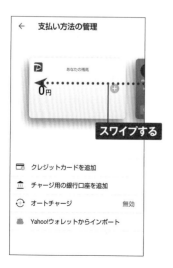

(3) 本人認証をするクレジットカードを表示し、＜利用上限金額を増額する＞をタップします。

MEMO 本人認証サービス（3Dセキュア）とは

本人認証サービス（3Dセキュア）とは、クレジットカード会社が推奨する不正利用などを防ぐためのしくみのことです。事前にパスワードなどの設定が必要です。未設定の場合はP.61手順④の次の画面に表示される＜カード会社のページを確認＞をタップして、クレジットカード会社のWebサイトから登録できます。なお、3Dセキュアに対応していないクレジットカードもあります。

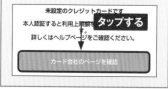

④ <本人認証（3Dセキュア）を設定する>をタップします。

タップする

利用上限金額を引き上げますか？

クレジットカードの上限金額を引き上げるには
本人認証（3Dセキュア）を設定する必要があります

本人認証（3Dセキュア）を設定する

本人認証（3Dセキュア）とは？

⑤ クレジットカード会社の本人認証画面が表示されるのでパスワードを入力し、<送信>をタップします。

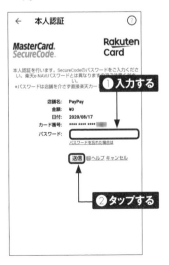

← 本人認証 ?

MasterCard. SecureCode. Rakuten Card

本人認証を行います。SecureCodeのパスワードをご入力ください。楽天e-NAVIパスワードとは異なりますのでご注意ください。
*パスワードは店舗を介さず直接楽天カード **①入力する**

店舗名： PayPay
金額： ¥0
日付： 2020/08/17
カード番号： **** **** ****
パスワード：
パスワードを忘れた場合は

送信 ヘルプ キャンセル

②タップする

⑥ <閉じる>をタップして設定を終了します。

タップする

クレジットカードの
利用上限金額を引き上げました

クレジットカードの本人認証が確認されたため、
利用上限金額を引き上げました。

閉じる

3

MEMO クレジットカードの利用上限金額

本人認証をすると、支払い方法をクレジットカードにしたときの利用上限金額を引き上げることができます。本人認証前は、過去30日間で5,000円までの利用上限金額ですが、本人認証後は、過去24時間で2万円、過去30日間で5万円となります。なお、それ以上の金額を利用したい場合は、銀行口座やセブン銀行ATMでチャージしてPayPay残高から支払いをしましょう。PayPay残高からの支払いであれば、過去24時間で50万円、過去30日間で200万円までの支払いをすることができます。

友だちとわりかんする

1 「ホーム」画面で<その他>→<わりかん>の順にタップします。

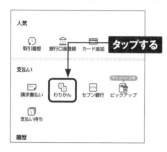

2 <わりかんを作成する>をタップします。

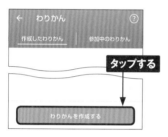

3 任意でタイトルを入力し<次へ>をタップして、1人あたりの基本額を入力したら<わりかんを作成する>をタップします。

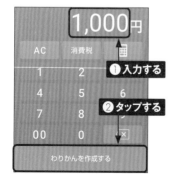

4 <メンバーを追加する>をタップし、携帯電話番号・PayPay IDで検索するか、友だちのQRコード（マイコード）を読み取り、請求額を入力して<メンバーを追加する>をタップします。

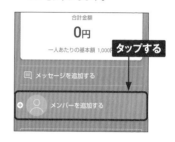

5 メンバーの人数分手順④をくり返し、設定が完了したら<わりかんの内容を決定する>をタップします。

MEMO 参加メンバーの操作方法

マイコードは、「ホーム」画面で<アカウント>→<マイコード>の順にタップすると表示できます。また、手順②の画面で<参加中のわりかん>をタップして支払います。

楽天ペイを
使ってみよう

楽天ペイとは

Application

R Pay

楽天ペイは、楽天ペイメントが運営するコード決済サービスです。楽天市場など、楽天の各種サービスを利用して貯めたポイントを支払いに利用できることもあり、人気を集めています。

楽天ユーザーならすぐに使える

楽天ペイは、楽天グループの楽天ペイメントが運営するコード決済サービスです。楽天が提供するサービスは、楽天アカウントを1つ持っていれば共通で使えるしくみになっています。普段から楽天市場などを利用していて、アカウントにクレジットカードがすでに登録されている場合は［楽天ペイ］アプリでログインするだけですぐに利用開始できます。

入金・決済方法

楽天ペイの決済方法は、クレジットカードによる後払い方式か、楽天の電子マネーである「楽天キャッシュ」にチャージして支払う方法のどちらかを利用します。楽天キャッシュへのチャージは、楽天カード、楽天銀行、フリマアプリ［ラクマ］の売上金のいずれかから行います。

前払い（楽天キャッシュ）			後払い（楽天キャッシュ）	後払い
銀行口座	現金	そのほか	楽天カード	クレジットカード
○ （楽天銀行のみ）	×	ラクマの 売上金	○	○

Application

R Pay

特徴を確認して賢く使う

楽天のほかのサービスで貯めた楽天スーパーポイントを楽天ペイで利用できます。ポイントカードの提示とあわせてポイントの2重取りをすることもできるので貯めやすく使いやすいです。

楽天スーパーポイントが貯まる

［楽天ペイ］アプリのホーム画面で＜ポイントカード＞をタップすると、ポイントを貯めるバーコードが表示されます。財布からポイントカードを取り出す手間がかからず便利です。また、支払いでも楽天スーパーポイントを貯めることができます。楽天キャッシュに楽天カードでチャージすると、1.5％の還元を受けられるため、ポイントを貯めたい人にはこの方法がおすすめです。保有している楽天スーパーポイントを使って支払いをした場合でも、1％の還元を受けられます。

楽天キャッシュ		ポイント払い	楽天カード
楽天カードから チャージ	楽天銀行かラクマの 売上金からチャージ		
1.5%	1%	1%	1%

楽天スーパーポイントで支払いできる

楽天ペイは、支払うときに保有している楽天スーパーポイントを1ポイント＝1円として支払いにあてることが可能です。楽天のほかのサービスを利用して貯めた楽天スーパーポイントを街のスーパーやコンビニでの支払いに使うといったことができます。また、楽天Edyでは交換できない期間限定ポイントも利用できます。

	通常ポイント	期間限定ポイント
有効期限	最後にポイントを獲得した日から1年 （期間内にさらにポイントを獲得する と期限が延長される）	固有の期限がある
獲得方法	ポイントカードの提示やサービスの 利用料金に応じて付与	特定のキャンペーンで付与

利用を開始する

Application

R Pay

楽天ペイの利用には、楽天会員への登録が必要です。また、登録の際にクレジットカードが必要になります。手元に用意しておくと登録がスムーズになります。

アカウント登録をする

① ［楽天ペイ］アプリをインストールしたあとに起動し、画面を左方向に数回スワイプして、＜はじめる＞が表示されたら、タップします。

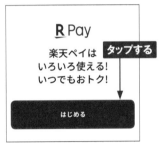

R Pay

楽天ペイは　**タップする**
いろいろ使える！
いつでもおトク！

はじめる

② ＜楽天会員に登録（無料）＞をタップします。

ユーザIDを入力してください

パスワードを入力してください

タップする

☐ パスワードを表示する

ログイン

個人情報保護方針に同意してログイン
(2017年2月13日改定)

楽天会員に登録（無料）

パスワードを忘れた場合

③ メールアドレス、ユーザー ID、パスワード、氏名、クレジットカード情報を入力し、＜同意して次へ＞をタップします。

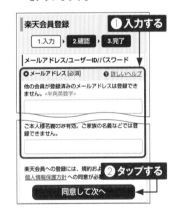

楽天会員登録　**❶入力する**

1.入力 ▶ 2.確認 ▶ 3.完了

メールアドレス/ユーザーID/パスワード

● メールアドレス [必須]　❷ 詳しいヘルプ

他の会員が登録済みのメールアドレスは登録できません。＜半角英数字＞

ご本人様名義のみ有効。ご家族の名義などでは登録できません。

楽天会員への登録には、規約および　**❷ タップする**
個人情報保護方針への同意が必要

同意して次へ

④ 入力内容を確認し、画面下部の＜登録する＞をタップします。

☑ 購読する　**タップする**

上記の情報に間違いがなければ、「登録する」ボタンを押して、登録を完了してください。
「入力画面に戻って変更する」ボタンを押すと、入力画面に戻ります。

登録する

<< 入力画面に戻って変更する

⑤ 会員登録が完了します。＜続け
てサービスを利用する＞→
＜Google Playで手に入れよう＞
（iPhoneでは＜App Storeからダ
ウンロード＞）の順にタップして
［楽天ペイ］アプリに戻ります。

⑥ P.66手順②の画面が表示される
ので、登録したユーザー IDとパス
ワードを入力し、＜ログイン＞をタッ
プします。

⑦ 位置情報の利用の許可画面が
表示されるので、＜次へ＞をタッ
プし、＜許可＞もしくは＜許可し
ない＞をタップします。

⑧ すべての利用規約を確認し、＜全
ての規約に同意して次へ＞をタッ
プします。

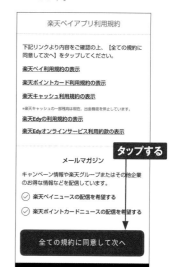

⑨ 「電話番号SMS認証」画面が表示されたら、<次へ>をタップし、電話番号を入力して、<SMSを送信する>をタップします。

⑪ SMS認証が完了したら、<次へ>をタップし、連絡先の許可画面が表示されるので<許可>もしくは<許可しない>をタップします。

⑩ SMSに届いた6桁の認証番号を入力し、<認証する>をタップします。

⑫ 「お支払い元の設定」画面が表示されます。P.66手順③〜④で登録したクレジットカードをタップし、<設定する>をタップします。

13 クレジットカードのセキュリティコードを入力し、<完了する>をタップします。

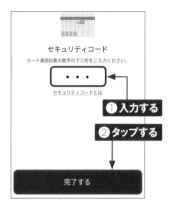

14 <本人認証パスワードを入力する>をタップし、本人認証サービス（3Dセキュア）を行います。クレジットカード会社の本人認証画面でパスワードを入力して、<送信>をタップします。

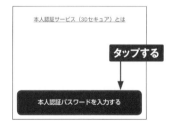

15 <OK>をタップします。

16 各画面の使い方が表示されるので、<次へ>を3回タップし、<閉じる>をタップします。

17 楽天スーパーポイントを自動的に使う場合は<はい（おすすめ）>をタップし、使わない場合は<いいえ>をタップします。

18 <次へ>→<閉じる>の順にタップして完了です。

4

画面の見かたを確認する

Application

R Pay

［楽天ペイ］アプリを起動すると、ホーム画面が表示されます。コード・QR払いをするときはホーム画面からさまざまな機能を利用するので、画面の見かたを確認しておきましょう。

📷 画面の見かた

楽天スーパーポイント
保有しているポイント数が表示されます。

Suica
Androidスマホのみ表示されます。タップすると、Suicaの登録やチャージができます。

ポイントカード
タップすると、楽天スーパーポイントのバーコードが表示されます。

楽天キャッシュ／チャージ
保有する楽天キャッシュが表示されます。＜チャージ＞をタップしてチャージします。

お支払い元
タップすると、支払い元の変更ができます。

電子マネー
Androidスマホのみ表示されます。タップすると、楽天Edy残高が表示されます。

セルフ
タップすると、セルフ支払い対応のお店が一覧で表示されます。

QR読み取り
タップすると、QRコードリーダーが起動します。

9000 0175 5563 3204

お支払い元 楽天カード

すべてのポイント/キャッシュを使う　設定

¥ セルフ　　QR読み取り

近くのお店を探そう！

Application

R Pay

支払い方法を登録する

楽天ペイではクレジットカード以外の支払い方法として、楽天銀行口座の登録ができます。事前に楽天アカウントに口座を連携させている場合は、登録しなくても自動で設定されます。

楽天銀行口座を登録する

(1) ホーム画面で<チャージ>をタップします。

(2) 「チャージ方法」の>をタップします。

(3) <楽天銀行を登録>→<次へ>の順にタップします。

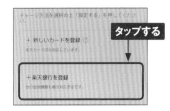

(4) 画面を上方向にスワイプして、<エントリーする（楽天会員リンク登録する）>をタップし、楽天銀行にログインして連携します。楽天銀行口座を持っていない場合は、<無料でかんたん口座開設する>をタップして開設することもできます。

4

チャージする

Application

R Pay

ここでは、楽天銀行口座から楽天キャッシュにチャージする方法を解説します。楽天キャッシュにチャージできる銀行口座は2020年10月時点では楽天銀行のみとなっています。

楽天キャッシュにチャージする

(1) P.71手順③の画面で登録した<楽天カード>もしくは<楽天銀行>（ここでは<楽天銀行>）をタップし、<設定する>をタップします。

(2) 「楽天銀行口座の設定」画面が表示される場合は<次へ>をタップします。

(3) ユーザIDとログインパスワードを入力し、<ログイン>をタップして楽天銀行にログインします。

(4) 本人確認のため支店名（支店番号）を選択し、口座番号を入力して、<ログインする>をタップします。

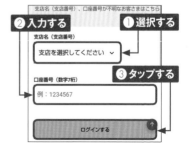

⑤ 「自動引落設定申込完了」画面が表示されたら＜次へ＞→←の順にタップします。

タップする

⑥ ＜OK＞をタップします。

タップする

⑦ 金額を入力し、＜チャージする＞→＜チャージする＞の順にタップすると、楽天銀行口座から楽天キャッシュにチャージされます。

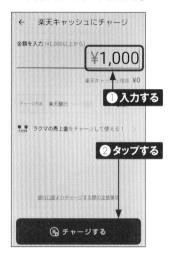

❶入力する

❷タップする

4

MEMO **現金チャージはできない**

楽天キャッシュは、楽天カード、楽天銀行、ラクマの売上金のいずれかからのみチャージができます。［楽天ペイ］アプリ内でチャージ手続きが完了するため、いつでもすばやく操作可能です。なお、残念ながら、コンビニなどでの現金チャージやオートチャージ、楽天カード以外のクレジットカードからのチャージには対応していません。また、ラクマの売上金をチャージするときは、手順⑦の画面で＜ラクマの売上金をチャージして使える!＞をタップし、［ラクマ］アプリで手続きをします。

お店で利用する

お店で利用するときは、コード・QRコードを提示する方法と店頭の
QRコードを読み取る方法、セルフで支払う方法のいずれかを利用
します。セルフ払いについてはP.78で紹介します。

コード・QRコードを提示する

(1) ホーム画面にコード・QRコードが
表示されるので、支払い時に提
示します。支払い元を変更する
場合は＞をタップします。

タップする

(2) 支払い元（ここでは＜楽天キャッ
シュ＞）をタップし、＜設定する＞
をタップします。

❶ タップする
❷ タップする

(3) ＜OK＞をタップすると支払い元
が変更されます。

タップする

MEMO 楽天スーパーポイントで支払う

ホーム画面で＜すべてのポイン
ト／キャッシュを使う＞（もしくは
＜ポイントを使う＞）をタップし
てオンにすると、保有する楽天
スーパーポイントを支払いに利
用することができます。支払い
元がクレジットカードの場合、＜設
定＞をタップすると保有する楽天
スーパーポイントの一部だけを
使うこともできます。

📷 店頭のQRコードを読み取る

(1) ホーム画面で＜QR読み取り＞を
タップします。

(2) 撮影の許可画面で＜許可＞を
タップすると「QR読み取り」画
面が表示されるので、店頭のQR
コードを読み取ったら、支払う金
額を入力し、＜金額を確認＞をタッ
プします。

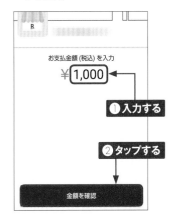

(3) 支払い元を変更する場合は ＞ を
タップし、楽天スーパーポイントを
使う場合は＜すべてのポイント／
キャッシュを使う＞（もしくは＜ポイ
ントを使う＞）をタップします。

(4) ● を右方向にスライドして支払い
ます。

4

75

Application

R Pay

便利機能を利用する

楽天ペイでは、チャージした楽天キャッシュをほかの楽天ユーザーに送ったり、セルフ払いに対応した店舗での支払いに利用したりとコード払い以外にもさまざまな機能が利用できます。

楽天ユーザーに楽天キャッシュを送る

(1) ホーム画面で<送る>をタップします。

(2) <楽天キャッシュを送る>をタップします。

(3) ここではリンクを作成する方法を解説します。<一覧にいない人に送る>をタップします。

(4) 金額を入力し、任意でメッセージを入力して、<確認へ>をタップします。

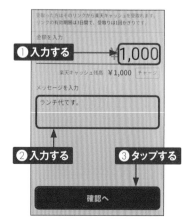

⑤ 端末のロックを解除します。ここではロックNo.を入力します。

⑥ <リンクを作成>をタップします。

⑦ リンクを送る方法を選択します。ここでは<Gmail>をタップします。

⑧ Gmailが起動するので、宛先を入力し、▷をタップして送信します。

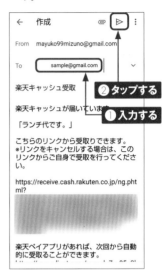

⑨ リンクを送信したら［楽天ペイ］アプリに戻り、✕をタップして画面を閉じます。相手が［楽天ペイ］アプリを利用していればアプリから、利用していなければWeb上で楽天キャッシュを受け取ることができます。

4

📷 セルフ支払いをする

① セルフ支払いは、対応店でレジに並ばずに会計ができる機能です。ホーム画面で＜セルフ＞をタップします。

② セルフ支払いできる店舗の一覧が表示されるので、支払いをする店舗をタップします。

③ 店舗詳細を確認し、＜このお店でお支払いする＞をタップします。

④ 金額を入力し、＜金額を確認＞をタップします。

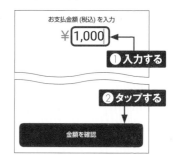

⑤ ●を右方向にスライドして支払います。次に表示される画面を店員に見せて、支払いを確認してもらいます。

Chapter

5

d払いを使ってみよう

d払いとは

NTTドコモが提供する決済サービスであるd払いは、dアカウントがあれば利用可能です。さらに、ドコモユーザーであればクレジットカードの登録なしですぐに利用できます。

ドコモユーザーならすぐに使える

d払いは、NTTドコモが運営する決済サービスです。dアカウントを登録すれば誰でも利用可能ですが、ドコモのスマホを利用していれば、面倒な申し込みやクレジットカードの登録をしなくてもかんたんに利用開始できます。

入金・決済方法

d払いの決済方法には、d払い残高にお金をチャージしてから使う前払い方式と、登録したクレジットカードにあとから請求される後払い方式があります。ドコモユーザーであれば、電話料金と合算して支払う「電話料金合算払い」を選ぶこともできます。

前払い（d払い残高）		後払い	
銀行口座	現金	クレジットカード	電話料金合算払い
○	○ （セブン銀行ATM、コンビニ）	○	○ （ドコモユーザーのみ）

Application

特徴を確認して賢く使う

d払いを支払いに利用すると、dポイントが貯まります。貯まったポイントは1ポイント＝1円として支払いに充てられます。キャンペーンなどで効率よくポイントを貯めることも可能です。

dポイントが貯まる

街中での支払いでd払いを利用すると、支払い金額200円ごとにdポイントが1ポイント貯まります。これは支払いに、電話料金合算払い、d払い残高からの支払い、クレジットカード払いのいずれの方法を利用しても同様の還元を得られます。また、d払いとdポイントカードの両方に対応した店舗であれば、dポイントをダブルで貯めることができるので、よりお得です。なお、[d払い] アプリの「ホーム」画面で、画面右下の＜dポイントカード＞をタップするとモバイルdポイントカードを表示することができます。

dポイントで支払いできる

貯めたdポイントは、1ポイント＝1円としてd払いの支払いに利用することができます（P.90 MEMO参照）。また、d払いではさまざまなキャンペーンが開催されており、エントリーしておくことでより多くの還元を受けられることがあるので、こまめに確認しておくといつもの買い物がよりお得になります。

5

利用を開始する

Application

d払いの利用には、dアカウントの登録が必要です。なお、d払いを利用する場合は、「通話の発信と管理」を許可する必要があります。許可しない場合は利用できないので注意しましょう。

📷 dアカウント登録をする

1 [d払い] アプリをインストールしたあとに起動し、<次へ>を数回タップします。

2 <OK>→<許可>の順にタップします。

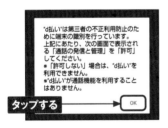

"払い"は第三者の不正利用防止のために端末の識別を行っています。
上記にあたり、次の画面で表示される「通話の発信と管理」を「許可」してください。
● 「許可しない」場合は、"d払い"を利用できません。
●"d払い"が通話機能を利用することはありません。

3 <OK>をタップし、<許可>もしくは<許可しない>をタップします。

この端末の位置情報へのアクセスを d払い に許可しますか？

4 <同意して次へ>をタップします。これ以降の操作はモバイルネットワークでの接続が必要なので、Wi-Fiに接続している場合はオフにします。

5 <dアカウントを発行する>をタップします。

dアカウントを発行する
dアカウントとは？
ご利用上の注意

6 メールアドレスを入力し、<次へ>→<次へ進む>の順にタップします。

docomo ドコモのメールアドレス (@docomo.ne.jp)
上記以外のメールアドレス
mayuko99mizuno@gmail.com
次へ

⑦ メールアドレスに届いた6桁のワンタイムキーを入力し、<次へ進む>をタップします。

ワンタイムキー入力　　　　　dアカウント

メアド登録 ＞ 情報登録 ＞ 内容確認 ＞ 発行完了

メールアドレスに届いたワンタイムキーを入力してください（有効期限10分）。

ワンタイムキー(半角数字6桁) 必須

305906 ◀━━━ ❶入力する

次へ進む

ひとつ前へ戻る ❷タップする

⑧ dアカウントのIDを入力し、<次へ進む>をタップします。

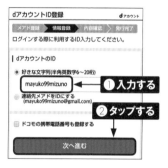

dアカウントID登録　　　　　dアカウント

メアド登録 ＞ 情報登録 ＞ 内容確認 ＞ 発行完了

ログインする際に利用するID入力してください。

dアカウントのID

● 好きな文字列(半角英数字6～20桁)

mayuko99mizuno ◀━ ❶入力する

○ 連絡先メアドをIDにする
(mayuko99mizuno@gmail.com) ❷タップする

☐ ドコモの携帯電話番号も登録する

次へ進む

⑨ 登録するパスワードや氏名などを入力し、<次へ進む>→<規約に同意して次へ>の順にタップします。

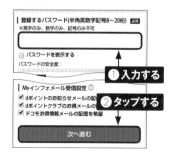

登録するパスワード(半角英数字記号8～20桁) 必須

※英字のみ、数字のみ、記号のみ不可

☐ パスワードを表示する

パスワードの安全度：

❶入力する

Myインフォメール受信設定 ⑦

☑ dポイントのお知らせメールの配信 ❷タップする
☑ dポイントクラブのお得メールの
☑ ドコモお得情報メールの配信を希望

次へ進む

⑩ <サービスへ戻る>をタップします。

dアカウント発行完了　　　　dアカウント

メアド登録 ＞ 情報登録 ＞ 内容確認 ＞ 発行完了

dアカウントの発行が完了しました。 タップする

サービスへ戻る

お知らせ

・ドコモ契約の携帯電話番号をお持ちの場合、電話番号を登録することでより便利にご利用いただけます。

今すぐ電話番号登録をする

⑪ <次へ>をタップします。

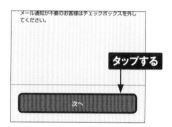

メール通知が不要のお客様はチェックボックスを外してください。

タップする

次へ

⑫ 使い方が表示されるので、<次へ>を数回タップし、<はじめる>をタップします。

設定が完了しました。
お店でバーコードを見せて
お買い物してみましょう♪

タップする

はじめる

5

83

画面の見かたを確認する

Application

d払い

[d払い]アプリを起動すると、「ホーム」画面が表示されます。「ホーム」画面には、お店で提示するバーコード・QRコードのほかに、保有しているdポイント残高などが表示されています。

📷 画面の見かた

メニュー
タップすると、利用履歴や設定などを行うメニューが表示されます。

読み取る
タップすると、店頭のQRコードを読み取るためのコードリーダーが起動します。

d払い残高
支払い方法が「d払い残高からのお支払い」のときにd払い残高が表示されます。

お支払い方法
タップすると、支払い方法を変更できます。

dポイント残高
保有しているdポイントが表示されます。

ウォレット
d払い残高へのチャージや銀行口座への出金などを行えます。

dポイントカード
タップすると、モバイルdポイントカードが表示されます。

おトク
キャンペーン情報やセット可能なクーポンが表示されます。

Application

支払い方法を登録する

d払いでは、支払い方法にd払い残高からの支払いやクレジットカードからの支払いを選べます。なお、ドコモユーザーであれば、「電話料金合算払い」利用で支払い方法の登録が不要になります。

銀行口座を登録する

(1) 「ホーム」画面で<ウォレット>をタップします。

(2) 使い方が表示されるので、<次へ>を2回タップし、<はじめる>をタップします。

(3) <チャージ>をタップします。

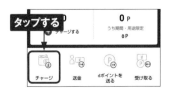

(4) <銀行口座>→<開く>の順にタップします。

(5) dアカウントのパスワードを入力し、<ログイン>をタップします。

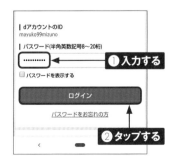

5

⑥ 住所、職業、利用目的を入力し、「注意事項・利用規約に同意して開設する」にチェックを付け、＜同意して進む＞をタップします。

⑧ 口座情報を入力し、＜次へ＞→＜金融機関へ＞の順にタップします。

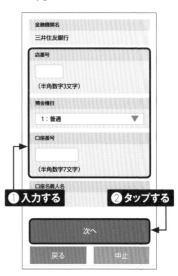

⑦ 利用する金融機関（ここでは、＜三井住友銀行＞）をタップします。

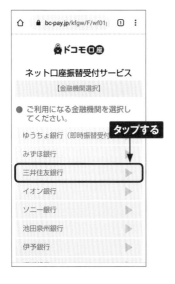

⑨ 銀行のWebサイトの画面に従って口座登録をし、「銀行口座受付完了」画面が表示されたら登録完了です。

クレジットカードを登録する

(1) 「ホーム」画面で画面左上の■ をタップします。

(2) <設定>をタップします。

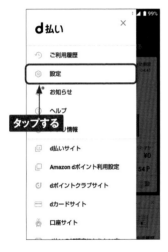

(3) <お支払い方法>をタップします。

(4) <クレジットカードを登録>をタップします。

(5) クレジットカード番号、有効期限、セキュリティコードを入力し、<登録>をタップします。

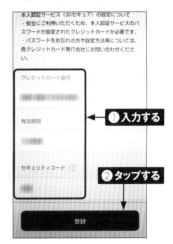

5

Application

チャージする

使い過ぎを予防したい場合は、d払い残高への事前チャージがおすすめです。登録した銀行口座からは、1回10万円まで、セブン銀行ATMからは、1回50万円までのチャージが可能です。

銀行口座からチャージする

(1) 「ウォレット」画面で<チャージ>をタップします。

(2) 「ご利用規約」を読み、<同意して次へ>をタップします。

(3) チャージ金額を入力します。

(4) チャージ元の銀行口座を確認し、<チャージする>をタップします。

📷 セブン銀行ATMからチャージする

(1) 「ウォレット」画面で<チャージ>をタップします。

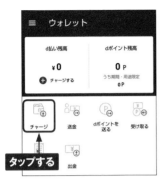

タップする

(2) <チャージ方法を切り替える>をタップします。

タップする

MEMO

銀行口座を登録していない場合

銀行口座を登録していない状態で「ウォレット」画面の<チャージ>をタップすると、P.85手順④の画面が表示されます。<セブン銀行ATM>をタップすると手順④に進みます。

---

(3) <セブン銀行ATM>をタップします。

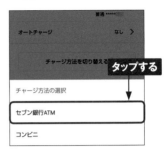

タップする

(4) <QRコードを読み取る>をタップします。

タップする

(5) セブン銀行ATMで<スマートフォンでの取引>をタッチし、QRコードを読み取り<次へ>をタッチして、スマホに表示される4桁の企業番号を入力したら、<確認>をタッチします。チャージする紙幣を入れ、<確認>をタッチします。

タッチする

Application

お店で利用する

お店で利用するときは、「ホーム」画面からバーコード・QRコードを提示する方法と店頭のQRコードを読み取る方法のどちらかを利用します。支払いにdポイントを利用することもできます。

バーコードを提示する

(1) 「ホーム」画面にコードが表示されるので、支払い時に提示します。支払い方法を変更する場合は＜お支払い方法＞をタップします。

タップする

(2) 利用する支払い方法（ここでは＜クレジットカード払い＞）をタップします。

タップする

(3) 使用するクレジットカードをタップし、＜次へ＞をタップします。本人認証（3Dセキュア）を行っていない場合は本人認証のパスワードを入力して、＜送信＞をタップします。

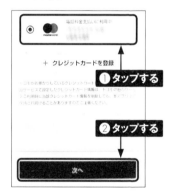

① タップする

② タップする

MEMO dポイントで支払う

手順①の画面で「dポイントを利用する」の⚪をタップして⚫にすると、1ポイント＝1円としてdポイントを支払いに使うことができます。

店頭のQRコードを読み取る

① 「ホーム」画面で<読み取る>を
タップします。

② 初回は<許可>をタップすると、
コードリーダーが起動するので、
店頭のQRコードを読み取ります。

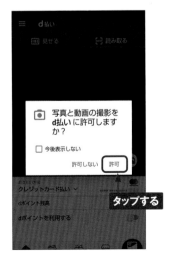

③ 支払い金額を入力し、<お支払
い内容の確認>をタップします。

④ <支払う>をタップします。

5

Application

便利機能を利用する

d払い残高のお金は、お店での支払いのほかに、銀行口座への出金や友だちへの送金に利用できます。また、配布されているクーポンを使用すると割引のサービスを受けられます。

出金する

(1) 「ウォレット」画面で<出金>をタップします。

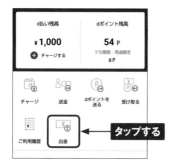

(3) dアカウントのパスワードを入力し、<パスワード確認>をタップします。

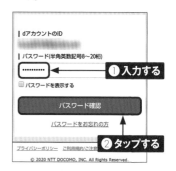

(2) <銀行口座>をタップします。

(4) 初回は<銀行口座の登録・変更>をタップします。

⑤ <確認>をタップします。

口座選択

払い出し先の銀行口座を選択して、[確認]を押
してください。

● 銀行口座を指定する

確認 ← **タップする**

戻る

(c) NTT DOCOMO

---

⑥ 出金する銀行（ここでは<三井
住友銀行>）をタップします。

金融機関

みずほ銀行　　　　　　　　　　　›

三井住友銀行　　　　　　　　　　›

三菱UFJ銀行　　　　　　　　　›

ゆうちょ銀行　　　　　**タップする**　›

りそな銀行　　　　　　　　　　　›

埼玉りそな銀行　　　　　　　　　›

その他の金融機関　　　　　　　　›

---

⑦ 支店名をカタカナで入力し、<検
索>をタップして支店を選択しま
す。

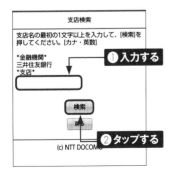

支店検索

支店名の最初の1文字以上を入力して、[検索]を
押してください。[カナ・英数]

金融機関
三井住友銀行　　　　　　**❶入力する**
支店

検索

戻る

❷ **タップする**

(c) NTT DOCOMO

---

⑧ 口座種類と口座番号を入力し、
<次へ>→<登録>→<次へ>
の順にタップします。

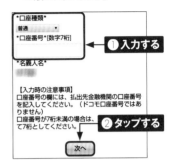

口座種類
普通　▼
口座番号[数字7桁]　　**❶入力する**

名義人名

【入力時の注意事項】
口座番号の欄には、払出先金融機関の口座番号
を記入してください。（ドコモ口座番号ではあ
りません）
口座番号が7桁未満の場合は、　❷ **タップする**
て7桁としてください。

次へ

---

⑨ 払い出す金額を入力し、<確認>
をタップします。

500　　　　　　　　円

[口座残高　1,000初]
※払い出す金額とは別に払い出し　**❶入力する**
モ口座から差し引かれます。
振込のご依頼内容に誤り等があった場合でも、
払い出し手数料は返却いたしません。ご入力内
容を十分にご確認ください。

払い出し先の銀行口座
三井住友銀行

❷ **タップする**

確認

---

⑩ 払い出し金額や手数料、銀行口
座などを確認し、<実行>をタッ
プします。

名義変更等により振込不可となった場合は、ド
コモからお客さまへメッセージRで通知しま
す。（払い出し金額はドコモ口座にお戻ししま
す）
※振込のご依頼内容に誤り等があった場合で
も、払い出し手数料は返却いたしません。ご入
力内容を十分にご確認ください。

払い出し先の銀行口座を変更する場合は、[戻
る]を押してください。

[実行]押下後の取消・変更は出来ま　**タップする**
注意ください。

実行

戻る

5

📱 送金する

① 「ウォレット」画面で＜送金＞をタップします。

② ここでは、URLリンクを作成してメールなどで送る方法を紹介します。＜URLリンクを作成する＞をタップします。

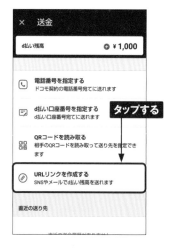

③ 送り先の名前を入力し、＜次へ＞をタップします。

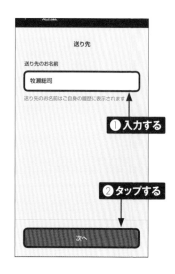

④ 送金額を入力し、＜次へ＞をタップします。

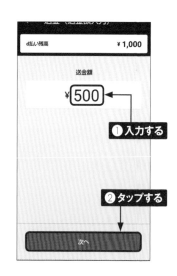

⑤ 自分の名前を入力し、任意で受け取り用のパスワードとメッセージを入力したら、<この内容でURLリンクを作成する>をタップします。

⑥ <URLリンクをコピーして送る>をタップします。

⑦ リンクを送る方法を選択します。ここでは<Gmail>をタップします。

⑧ Gmailが起動するので、宛先を入力し、▷をタップして送信します。

MEMO 送金をキャンセルする

送金をキャンセルしたいときは、「ウォレット」画面で<ご利用履歴>→<入出金>の順にタップし、キャンセルしたい送金履歴（「受取待ち」のもの）をタップして<送金キャンセル>をタップします。

📱 d払い残高をAmazonの支払いに利用する

**① **「ホーム」画面で ☰ をタップします。

タップする

**② ** <Amazon dポイント利用設定>をタップします。これ以降の操作はWi-Fiではできません。ドコモのネットワークに接続する必要があります。

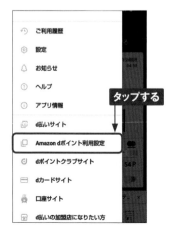

| 🕙 ご利用履歴 |
| 🔧 設定 |
| 🔔 お知らせ |
| ❓ ヘルプ |
| ℹ️ アプリ情報 |
| 🗂 d払いサイト |
| 🗂 Amazon dポイント利用設定 |
| 🕑 dポイントクラブサイト |
| ☐ dカードサイト |
| 🏦 口座サイト |
| 🗂 d払いの加盟店になりたい方 |

タップする

**③ ** 「Amazonのdポイント利用設定」画面が表示されるので、上方向にスワイプします。

スワイプする

**④ ** <利用設定はこちら!>をタップします。

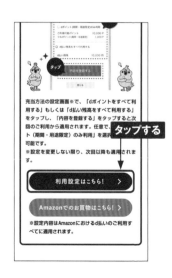

タップする

⑤ dアカウントのパスワードを入力し、<ログイン>をタップします。

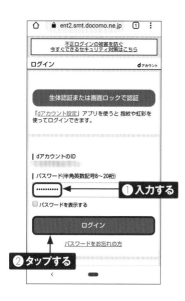

⑥ ご利用上の注意をよく読み、上方向にスワイプします。

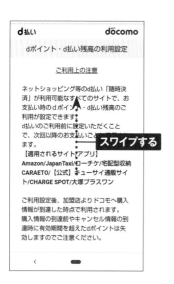

⑦ <d払い残高をすべて利用する>をタップし、<内容を登録する>をタップします。

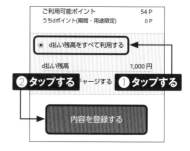

⑧ <閉じる>をタップして設定を終了します。

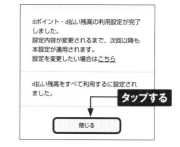

📝 **MEMO**

Amazonでの設定

Amazonの支払いの際にd払いを利用するときは、初期登録が必要です。[Amazon] アプリの場合、「アカウントサービス」の「お客様の支払い方法」から<お支払い方法を追加>→<携帯決済>の順にタップして画面に従って初期設定をします。なお、Amazonでd払いを利用するときにはドコモ回線の契約が必要です。

5

97

クーポンを利用する

(1) 「ウォレット」画面を表示し、上方向にスワイプします。

(2) 「クーポン」の利用したいお店（ここでは「ローソン」）をタップします。

(3) 利用できるクーポンが表示されます。

(4) クーポンを上方向にスワイプすると、バーコードやクーポン番号が表示されるので、レジで提示します。

MEMO セット可能なクーポン

手順①や手順②の画面で＜おトク＞をタップすると、「おトク情報」画面が表示されます。画面上部の＜クーポン＞をタップすると現在利用できるセット可能なクーポンが一覧で表示されます。セットすることで支払い時にバーコードやクーポン番号を見せなくても割引などを受けられます。時期によってはクーポンが配信されていないこともあるので、こまめに確認するとよいでしょう。

au PAYとは

Application

au PAYは、KDDIが提供する決済サービスです。au IDを持っているauユーザーは、すぐに利用開始でき、チャージした金額の請求をスマホの通信料金とまとめることが可能です。

auユーザーならすぐに使える

au PAYは、KDDIが提供する決済サービスです。au IDを登録すれば、誰でも利用することができます。支払いをする際にはau PAY残高へのチャージが必要ですが、auのスマホを利用していれば、「auかんたん決済」の利用で、月々のスマホ通信料金と一緒に支払うことができるため、クレジットカードや銀行口座を登録しなくても使用できます。

入金・決済方法

au PAYは、au PAY 残高にお金をチャージすることで利用できます。チャージ方法には、銀行口座や現金による前払い方式や、クレジットカードによる後払い方式などがあります。現金チャージは、ローソンやセブン銀行ATMのほかに、一部のauショップに設置されているau SaKuTTOでも可能です。

前払い			後払い	
銀行口座	現金	そのほか	クレジットカード	そのほか
△ （auじぶん銀行・ローソン銀行のみ）	○	Pontaポイント・auポイント、au PAY チャージカード	○	auかんたん決済

特徴を確認して賢く使う

Application

au PAY

au PAYで支払いをすると、200円ごとに1ポイントのPontaポイントが貯まります。キャンペーンによっては、auスマートパスプレミアム会員の登録や三太郎の日の利用でさらに還元率がアップします。

Pontaポイントが貯まる

au PAYで支払いをすることによって、200円ごとにPontaポイントが1ポイント貯まります。また、Pontaカードを連携（au IDとPonta会員IDを連携）することで、[au PAY] アプリの「HOME」画面や「コード支払い」画面で<Pontaカード>をタップすると、デジタルPontaカードが表示されます。デジタルPontaカードは、Ponta提携社で提示することで100円または200円ごとにPontaポイントが1ポイント貯まります。au PAYとPontaカードの両方に対応したお店であれば、ポイントをダブルで貯めることができてお得です。

楽天ペイ加盟店でも使える

お店に設置されているQRコードを読み取るタイプの決済方法が採用されている楽天ペイ加盟店では、共通QRで「楽天ペイ」と「au PAY」の両方のサービスが利用可能です。QRコード台紙に「au PAY」のロゴマークが表示されていない場合でも、対象店舗でau PAYの支払いが可能です。ただし、一部のお店では利用できない可能性もあるので、[au PAY] アプリの「使えるお店」画面でau PAY（コード支払い）が使えるお店を事前にリサーチしておくとよいでしょう。

無料のau Wi-Fiスポットが使い放題

au PAYを利用しているユーザーは、誰でも無料で公衆Wi-Fiサービス「au Wi-Fiアクセス」を使うことができます。なお、au PAYユーザーが利用できるWi-Fiは、「スタンダードモード」となっており、利用できる端末は1台のみとなっています。パソコンやゲーム機など複数の端末で利用できたり、VPN機能が搭載されていたりする「セキュリティモード」を使用したい場合は、auスマートパスプレミアムへの加入が必要です。

Application

利用を開始する

auのスマホを利用している人がau PAYを始める場合は、すでに
登録されているau IDでログインします。ここでは、au以外のスマ
ホを利用している場合のau IDの登録方法を紹介します。

au IDの登録をする

1 [au PAY] アプリをインストール
したあとに起動し、<OK>→<同
意する>→<OK>の順にタップし
て、<ログイン/新規登録>を
タップします。

2 <au IDを新規登録する>をタッ
プします。

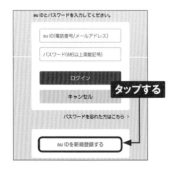

3 メールアドレス入力し、<確認コー
ドを送信>をタップします。

4 届いた確認コードを入力し、<次
へ>をタップします。

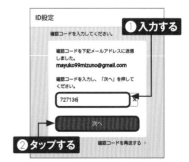

⑤ パスワード、生年月日、性別を入力し、＜利用規約に同意して新規登録＞をタップします。

⑥ ＜次へ＞をタップします。

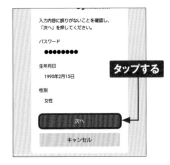

⑦ ＜OK＞をタップします。

⑧ 「サービス利用規約およびお客様情報利用への同意のお願い」画面下部の情報利用許可に任意でチェックを付け、＜同意する＞をタップします。

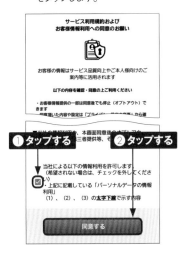

⑨ ＜同意する＞をタップします。

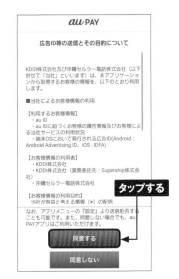

10 <次へ>→<au PAYを始める> の順にタップします。

11 <利用規約に同意する>にチェックを付け、<次へ>をタップします。

12 携帯電話番号を入力し、<認証番号を送信>をタップします。

13 SMSに届いた認証コードを入力し、<認証>をタップします。

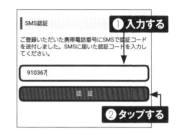

14 名前、フリガナ、郵便番号、住所、暗証番号を入力し、<次へ>をタップします。

15 <登録>→<au PAYをつかう> の順にタップします。

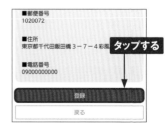

画面の見かたを確認する

Application

au PAY

[au PAY] アプリを起動すると「HOME」画面が表示されます。「HOME」画面からは、au PAY残高へのチャージや「コード支払い」画面の表示、Pontaカードの表示などができます。

画面の見かた

メニュー
「各種設定」画面などを表示できます。

残高
au PAY残高が表示されます。＜コード表示＞をタップすると、コード表示に変更できます。

チャージ
au PAY残高へのチャージができます。

履歴
タップすると、au PAYの利用履歴が表示されます。

Pontaカード
タップすると、デジタルPontaカードが表示されます。

ポイント
保有しているPontaポイントが表示されます。タップすると、「ポイント」画面が表示されます。

コード支払い
タップすると、支払い用のコードが表示されます。

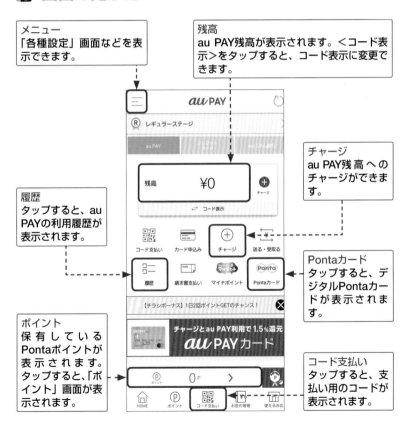

支払い方法を登録して
チャージする

Application

auPAYで支払いをするには、あらかじめお金をチャージする必要があります。なお2020年9月現在、銀行口座からのチャージは、auじぶん銀行とローソン銀行のみ対応しています。

クレジットカードからチャージする

1 「HOME」画面で<チャージ>をタップします。

2 <クレジットカード>をタップします。

3 <次へ>をタップします。

4 <クレジットカードを登録>をタップします。

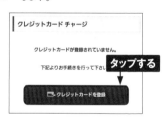

> **MEMO 2回目以降のクレジットカードチャージ**
>
> クレジットカードから2回目以降にチャージするときは、P.106手順③の画面のあとに手順⑥の画面が表示されるようになります。

(5) クレジットカード情報を入力し、
＜登録してチャージを行う＞をタップします。

(6) チャージ額を選択し、＜チャージする＞をタップします。

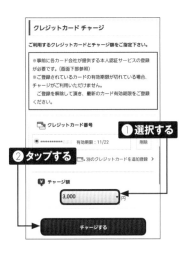

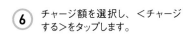

MEMO　セブン銀行ATMからチャージする

au PAY残高に現金チャージをしたいときは、セブン銀行ATMでのチャージが便利です。P.106手順②の画面で＜セブン銀行ATMチャージ＞→＜QRコードをスキャン＞の順にタップするとセブン銀行ATMに表示されるQRコードの読み取りができるので、P.39などを参考にチャージしましょう。

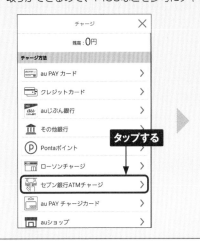

Application

au PAY

お店で利用する

お店で利用するときは、コード提示する方法と店頭のコードを読み取る方法のどちらかを利用します。au PAY残高が足りないときは支払いができないので、事前に確認しておきましょう。

●コードを提示する

(1) 「HOME」画面で<コード支払い>をタップします。

タップする

(2) コードが表示されるので、支払い時に提示します。

●店頭のコードを読み取る

(1) 「コード支払い」画面で<コード読取>をタップします。

タップする

(2) 支払い用のコードを読み取り、請求額を入力して、<OK>をタップすると支払いが完了します。

❶入力する

お店の請求額を入力の上、OKを押してください。
(au PAYのクーポンを利用する場合は、「利用する」の金額を入力してください。)

請求額　1000

OK

❷タップする

Section **49**

便利機能を利用する

Pontaカードを発行/連携すると、au PAY以外の利用で貯めた
Pontaポイントもau PAYにチャージすることができます。また、au
PAYプリペイドカードを発行すると、利用できる場所を増やせます。

Pontaカードを新規発行する

(1) 「HOME」画面で<Pontaカード>をタップします。

(2) <連携する>をタップします。

(3) <新しいPontaカードを発行する>をタップします。

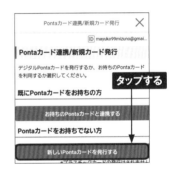

(4) 氏名、性別などを入力し、<次へ>をタップします。

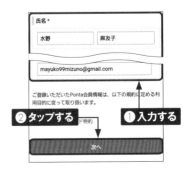

5 登録内容を確認し、＜次へ＞を
タップします。

6 ＜規約に同意して連携する＞を
タップします。

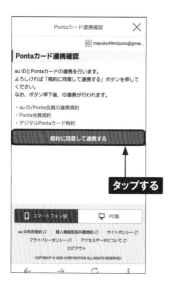

7 「規約の内容を確認しました」に
チェックを付け、＜規約に同意す
る＞をタップします。

8 「規約の内容を確認しました」に
チェックを付け、＜規約に同意す
る＞をタップします。

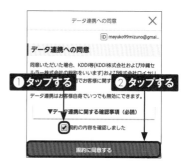

9 連携が完了します。×をタップす
ると「HOME」画面に戻ります。

既存のPontaカードを連携する

1 P.109手順③の画面で＜お持ちのPontaカードと連携する＞をタップします。

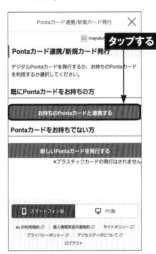

2 Pontaカードに印字されている15桁のPonta会員IDを入力し、＜次へ＞をタップします。

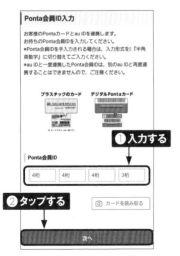

3 生年月日と電話番号を入力し、＜次へ＞をタップします。

4 ＜規約に同意して連携する＞をタップします。

5 「規約の内容を確認しました」にチェックを付け、＜規約に同意する＞をタップします。

6 「規約の内容を確認しました」に
チェックを付け、＜規約に同意す
る＞をタップします。

7 連携が完了します。×をタップす
ると「HOME」画面に戻ります。

MEMO Pontaカードを表示する

[au PAY] アプリで連携したPontaカードを表示させるときは、「HOME」画
面で＜Pontaカード＞をタップします。

Pontaポイントをチャージする

(1) 「HOME」画面で<チャージ>を
タップします。

(2) <Pontaポイント>をタップします。

(3) <次へ>をタップします。

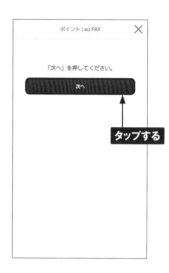

(4) チャージ額を入力し、<チャージ
する>をタップします。

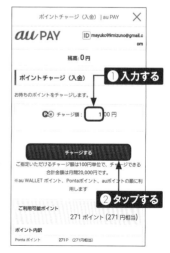

au PAYプリペイドカードを発行する

(1) 「HOME」画面で＜カード申込み＞をタップします。

(2) 画面を上方向にスワイプし、＜プリペイドカードを申込む＞をタップします。

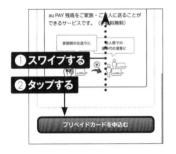

(3) auじぶん銀行口座を持っていない場合は、口座開設が必要です。＜持っていない＞をタップします。

(4) ＜auじぶん銀行口座を申込む＞をタップします。

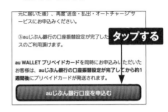

(5) 画面を上方向にスワイプし、＜口座開設のお申込みに進む＞をタップして、画面に従って申込みを進めます。キャッシュカードが届いたら手順③の画面で＜持っている＞をタップし、auじぶん銀行の口座振替申込みをすると発行できます。

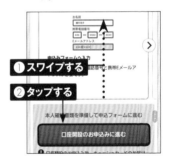

 MEMO auじぶん銀行

auじぶん銀行の口座開設・口座振替申込みをすると、送金や払出といったサービスを利用することもできます。また、オートチャージサービスの利用は、auじぶん銀行口座からのみ可能です。

メルペイを
使ってみよう

Application

メルペイとは

メルペイは、株式会社メルペイが提供する［メルカリ］アプリを使った決済サービスです。メルカリのアカウントがあればすぐに利用開始でき、クレジットカードを持っていなくてもチャージが可能です。

［メルカリ］アプリからすぐに使える

メルペイは、フリマアプリ［メルカリ］の決済サービスです。メルカリのアカウントを作成することで利用を開始できます。銀行口座を登録しなくても、セブン銀行ATMから現金チャージをすることが可能です。

メルカリアプリで
かんたんスマホ決済
「メルペイ」

入金・決済方法

メルペイは、銀行口座の登録をすることで本人確認ができます。本人確認をすると、メルカリの売上金の振込申請期限がなくなったり、売上金をメルペイで使うためのポイント購入が不要になったりします。銀行口座を登録しない場合でも、運転免許証などで「かんたん本人確認」を行うことで本人確認が可能です。メルカリの売上金をメルペイで利用したいときに便利なので、必要であれば本人確認をしておきましょう。

前払い			後払い	
銀行口座	現金	そのほか	クレジットカード	そのほか
△	○	メルカリの売上金	×	メルペイスマート払い

Application

特徴を確認して賢く使う

メルペイは、電子マネー「iD」と連携させることでiDが利用できる
場所での支払い可能なので、利用できる場所が増えます。また、メ
ルカリの売上金があれば、メルペイの支払いに使うこともできます。

電子マネー「iD」に対応

かんたんな手続きをすることで、電子マネー「iD」と連携させることができ、メルペイ残高
を支払いに活用できる場所を増やすことができます。メルペイのコード決済に対応していな
いお店でも、iDの支払いに対応している場合にはメルペイ残高を利用した支払いができま
す。iDで支払いをするときは、アプリの操作は必要ないので、支払い時に「iDで」と伝
えて、決済用の端末にスマホをかざしましょう。

メルカリの売上金を支払いに使える

メルカリで身の回りの不要品を売ると、売上金が [メルカリ] アプリに表示されます。本
人確認をしている場合、売上金はそのままメルペイ残高に加算されます。本人確認をし
ていない場合は、売上金でポイント購入を行う必要があります。なお、メルカリのポイント
は、メルカリでほかのユーザーから商品を購入したときや、キャンペーンでもらえることもあ
ります。

Section 52

利用を開始する

Application

メルペイの利用を始めるために、メルカリのアカウント登録をしましょう。すでに登録をしている場合は、「マイページ」画面の「個人情報設定」で本人情報と電話番号の登録を確認します。

メルカリのアカウント登録をする

(1) [メルカリ] アプリをインストールしたあとに起動し、<次へ>を4回タップして、<さあ、はじめよう!>をタップします。

売上金・ポイントが
お店で使える

日本全国のお店でお買い物できます
※売上金はポイント購入することで
お店の支払いに使えます

タップする

さあ、はじめよう!

(2) ここでは<メールアドレスで登録>をタップします。

mercari

タップする

── 初めてご利用の方は ──

G 　　Googleで登録

f 　　Facebookで登録

 　　Appleで登録

✉ 　　メールアドレスで登録

(3) メールアドレス、パスワード、ニックネーム、性別を入力し、<次へ>をタップします。

メールアドレス
mayuko99mizuno99@gmail.com

パスワード
●●●●●●● 👁

ニックネーム
水野麻友子

① 入力する ボタンを押すこと **② タップする**

次へ

(4) 本人情報を入力し、<次へ>をタップします。

姓 (全角)
水野

名 (全角)
麻友子

姓カナ (全角)
ミズノ

① 入力する 本人情 **② タップする**

次へ

7

⑤ 電話番号を入力し、＜次へ＞→ ＜送る＞の順にタップします。

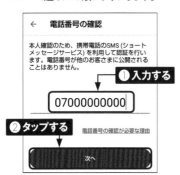

⑥ SMSで届いた認証番号を入力 し、＜認証する＞をタップします。

⑦ 銀行口座の登録画面では、＜今 はしない＞をタップします。銀行 口座の登録はあとからでも可能で す（P.121参照）。

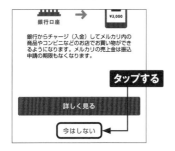

⑧ キャンペーンが表示されるときは✕ をタップすると、「ホーム」画面 が表示されます。

⑨ しばらくあとに、登録したメールア ドレスに以下のようなメールが届き ます。認証手続きのURLをタップ します。

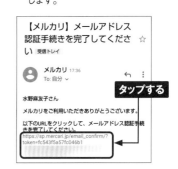

⑩ 手順⑨のあとにこの画面が表示 されるので、＜アプリを起動する＞ をタップすると、メルカリの「ホー ム」画面が表示されます。

7

画面の見かたを確認する

Application

[メルカリ]アプリを起動し、画面下部の<メルペイ>をタップすると、「メルペイ」画面が表示されます（P.121手順①参照）。ここでは、「メルペイ」画面の見かたを解説します。

「メルペイ」画面の見かた

ポイント
保有しているポイント数が表示されます。本人確認をしていない場合はP.121手順②のように表示されます。

メルペイ残高
メルペイ残高が表示されます。本人確認をしていない場合は表示されません。

利用履歴
タップすると、メルペイの利用履歴が表示されます。本人確認をしていない場合は表示されません。

チャージ
メルペイ残高へのチャージができます。本人確認をしていない場合は表示されません。

iD決済
iDの設定をすると、「iD未設定」の表示が「iD設定」の表示に変わります。

読み取り
タップすると、「QRコード読み取り」画面が表示されます。

コード決済
タップすると、支払い用のコードが表示されます。

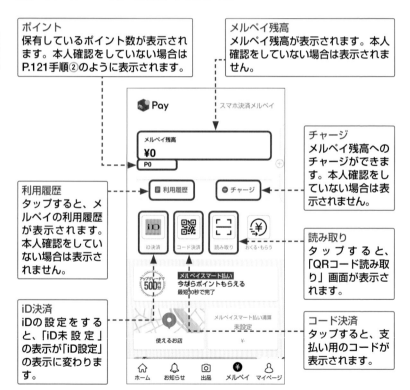

Application

支払い方法を登録する

メルペイで銀行口座を登録することで本人確認が完了します。メルペイ残高へのチャージを行うこともできます。なお、メルペイはクレジットカードからのチャージには対応していません。

銀行口座を登録する

(1) [メルカリ] アプリを起動し、「ホーム」画面で<メルペイ>をタップします。

タップする

(2) 「メルペイ」画面が表示されるので、上方向にスワイプします。

スワイプする

(3) <お支払い用銀行口座の登録>をタップします。

メルペイ設定

メルペイスマート払いの設定

定額払いの設定

お支払い用銀行口座の登録

振込申請期限の確認

振込申請

ガイド

タップする

(4) <銀行口座を登録する>をタップします。

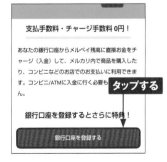

支払手数料・チャージ手数料 0円!

あなたの銀行口座からメルペイ残高に直接お金をチャージ（入金）して、メルカリ内で商品を購入したり、コンビニなどのお店でのお支払いに利用できます。コンビニ/ATMに入金に行く必要もありません。

タップする

銀行口座を登録するとさらに特典!

銀行口座を登録する

5 銀行口座を選択します。ここでは＜三井住友銀行＞をタップします。

7 銀行口座の支店コードと口座番号、職業を入力して、「住所」の＜入力してください＞をタップします。

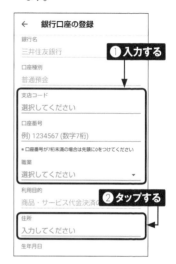

6 ＜同意して次へ＞をタップします。

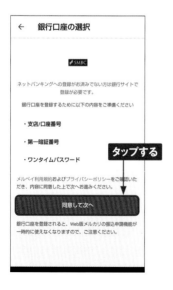

8 「住所の入力」画面が表示されるので、住所を入力して、＜決定＞→＜この内容で決定する＞の順にタップします。

⑨ 性別を選択したら、<銀行サイトへ>をタップします。

← 銀行口座の登録

例) 1234567 (数字7桁)
● 口座番号が7桁未満の場合は先頭に0をつけてください

職業
選択してください

利用目的
商品・サービス代金決済のため

住所
入力してください

❶ 選択する

生年月日
1996/02/15

性別
選択してください

❷ タップする

米国への納税義務に関する確認
該当しない

FATCAに該当する場合とは？

銀行サイトへ

⑩ 任意の4桁の数字を2回入力して、パスコードを作成します。

← パスコードの作成

入力する

パスコードを設定してください

○ ○ ○ ○

同じ数字のみ、連続する数字 (1234など)、
誕生日の組み合わせは設定できません。

1	2	3
4	5	6
7	8	9
	0	⊗

⑪ パスコードの設定が完了したら、銀行のWebサイトが表示されるので、画面に従って口座登録をします。

← 銀行口座の登録

✓ パスコードの設定が完了しました

ログインはこちらから

SMBCダイレクトの第一暗証を入力し、「ログイン」ボタンをクリックしてください。
（契約者番号と第一暗証でもログインいただけます。また、インターネット専用の第一暗証を登録されているお客さまもこちらからログインしてください）
なお、本取扱については「普通預金規定」により取扱います。

店番号　　　　　　口座番号

または

契約者番号　　　　−

第一暗証

ログイン　　　　⊘

① 注 意

●本サービスは、三井住友銀行に口座があり、キャッシ

7

⑫ 銀行口座の登録が完了したら、<完了>をタップします。

銀行口座の登録　　　　完了

タップする

🏛 — ✓ — 🔴

■■■■■■

銀行口座の登録が完了しました

本人確認が完了した方にオススメ
売上金(残高)・ポイントがなくても
全国のお店で使えるメルペイスマート払い

🐸 ≡ 🏪 🍔 🍔 Ⓜ 🏪

お店でも使えるメルペイスマート払いとは？

123

Application

チャージする

メルペイ残高が不足していると、決済を利用できません。あらかじめお金をチャージしましょう。なお、本人確認をしていない場合は、チャージ機能を利用できません。

銀行口座からチャージする

① 「メルペイ」画面で＜チャージ＞をタップします。

② ＜チャージ（入金）金額＞をタップします。

③ チャージ（入金）金額を選択します。ここでは、＜金額を自由に入力する＞をタップします。

④ チャージ（入金）金額を入力し、＜決定＞をタップします。

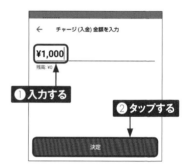

⑤ ＜チャージする＞をタップします。

7

📲 セブン銀行ATMからチャージする

1 「メルペイ」画面で＜チャージ＞を
タップします。

2 ＜チャージ方法＞をタップします。

3 ＜セブン銀行ATM＞をタップします。

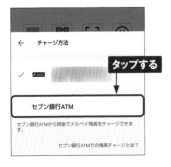

4 ＜チャージする＞をタップします。

5 ＜QRコードを読み取る＞をタップ
し、パスコードを入力します。

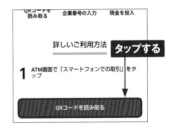

6 セブン銀行ATMで＜スマートフォ
ンでの取引＞をタッチし、表示さ
れるQRコードを読み取ります。
＜次へ＞をタッチし、スマホに表
示される4桁の企業番号を入力
し、＜確認＞をタッチします。チャー
ジする紙幣を入れ、＜確認＞を
タッチします。

7

Application

お店で利用する

お店で利用するときは、コードを提示する方法と店頭のQRコードを読み取る方法、iD決済する方法が利用できます。iD決済は、P.128を参照してください。

コードを提示する

(1) 「メルペイ」画面で<コード決済>をタップします。

(3) コードが表示されます。画面をレジで読み取ってもらうと、支払い完了です。

(2) パスコードを入力します。

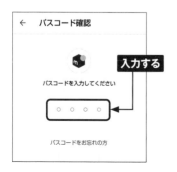

MEMO 「ホーム」画面からコードを表示する

「ホーム」画面上部の齶をタップすることでも、手順③の画面を表示できます。

店頭のQRコードを読み取る

(1) 「メルペイ」画面で<読み取り>をタップします。

(3) 撮影許可画面が表示される場合は、<許可>をタップし、店頭のQRコードを読み取ります。支払い金額を入力し、<支払い金額を確認>をタップします。

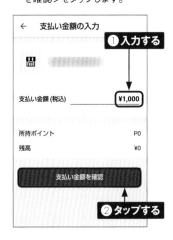

(2) <OK>→<設定する>の順にタップし、パスコードを入力します。

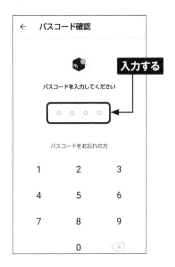

MEMO 「コード決済」画面から「QRコード読み取り」画面を表示する

P.126手順③の画面下部の<QRコード読み取り>をタップすることでも、「QRコード読み取り」画面を表示できます。

Application

iDを設定する

iDを設定しておくと、メルペイ残高の活用場所が広がります。iD
で支払いをする場合は、支払い時に店員に「iDで」と伝えて専用
の端末にスマホをかざします。

iDを設定する

(1) 「メルペイ」画面で<iD未設定>
をタップします。

(2) <設定をはじめる>をタップしま
す。

(3) <次へ>をタップします。

(4) <OK>をタップします。

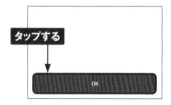

MEMO おサイフケータイ
アプリアカウント連携

Androidスマホの場合、手順③
のあとに「おサイフケータイア
プリアカウント連携」画面が表示
されるときは、「利用規約に同意
します」にチェックを付け、
<Googleでログイン>をタップ
します。

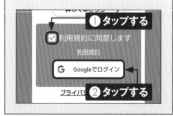

便利機能を利用する

Application

メルペイで支払った金額を翌月にまとめて清算できる「メルペイスマート払い」を利用すると、メルカリで出品中の商品の売上金をメルペイの支払いに利用したいときなどにとても便利です。

翌月にまとめて清算する

(1) 「メルペイ」画面を上方向にスワイプし、<メルペイスマート払い>をタップします。

(3) <上記の利用目的で申込む>をタップします。

(2) <設定をはじめる>をタップします。

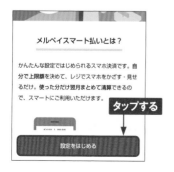

(4) パスコードを入力し、利用上限金額などを設定します。

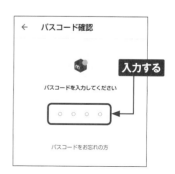

7

メルペイスマート払いの設定をする

(1) 「メルペイ」画面で<メルペイスマート払い清算>をタップします。

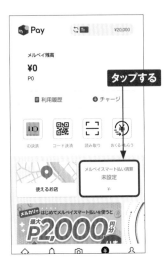

タップする

(2) <清算方法>をタップします。利用上限金額を変更したいときは<利用上限金額>をタップします。

(3) 任意の清算方法を選択します。ここでは、<自動引落し設定へ進む>をタップします。

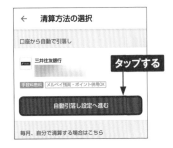

タップする

(4) <引落し日>をタップします。

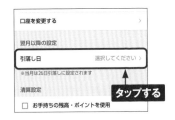

タップする

MEMO メルペースマート払い残枠を確認する

メルペースマート払いを設定すると、「メルペイ」画面上部に 🔁 が表示されます。タップすると、メルペースマート払い残枠を確認できます。

⑤ ここでは、<毎月26日>をタップします。

⑥ メルペイ残高・ポイントを清算に利用する場合は「お手持ちの残高・ポイントを使用」にチェックを付け、<設定>をタップします。

⑦ パスコードを入力します。

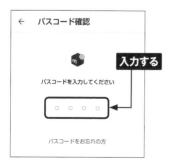

⑧ 設定が反映されたら←をタップします。

MEMO 定額払いとは

定額払いとは、メルペイスマート払いで購入した商品の支払いを月々にわけて支払いができるサービスです。月々の清算金額は清算期間中でも変更できるので、早めに清算を終えるなどやりくりしやすいしくみになっています。また、使い過ぎを防止するため、定額払いにできる商品は5つまでとなっています。なお、定額払いには手数料が発生します。

7

メルペイ残高を現金化する

1 「メルペイ」画面を上方向にスワイプし、<メルペイ設定>をタップします。

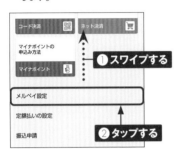

2 <振込申請して現金を受け取る>をタップします。

3 パスコードを入力します。

4 銀行を選択し、支店コード、口座番号、口座名義を入力して、<次へ>をタップします。

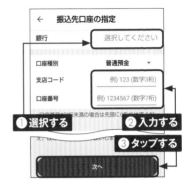

5 振込申請金額を入力し、<確認する>→<はい>の順にタップします。

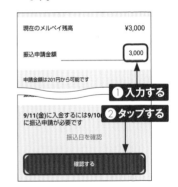

MEMO 振込申請の手数料

振込申請をするには手数料200円が必要です。手順⑤で振込申請金額を入力するときは、手数料込みの金額を入力しましょう。

モバイルSuicaを
使ってみよう

モバイルSuicaとは

コンビニなどさまざまな場所で利用できる電子マネー（Sec.03参照）のSuicaをスマホで発行できます。チャージが登録したクレジットカードから行えるため、自宅でチャージすることもできます。

Suicaをスマホに登録できる

モバイルSuicaは、JR東日本エリアの駅などで購入できるSuicaカードのモバイル版です。FeliCaチップを搭載したAndroidスマホやiPhoneで利用できます。プラスチックのカードを発行するわけではありませんが、プラスチックのSuicaカードとほとんど同様にチャージや定期券の購入、買い物での利用などができます。アプリをインストールすることで、定期券の購入やグリーン券の購入をスマホだけで完結できます。

入金・決済方法

モバイルSuicaのチャージは、カードタイプのSuicaと同じようにコンビニや一部の駅に設置されているモバイルSuica対応のチャージ機で現金チャージができます。通常の券売機ではチャージできないので注意しましょう。また、登録クレジットカードをビューカードにしているときは、オートチャージを利用できます。

前払い			後払い
銀行口座	現金	そのほか	クレジットカード
△ （iPhoneの［みずほ Wallet］アプリからみずほ銀行口座のみ）	◯	JRE POINT チャージ	◯

Section **60**

特徴を確認して賢く使う

Application

モバイルSuica

モバイルSuicaは、交通系ICの1つであるため、電車やバスの支払いに利用できます。また、JR東日本の在来線エリアで運賃の支払いに利用することでJRE POINTが貯まります。

JRE POINTと連携できる

モバイルSuicaは、プラスチックカードタイプのSuicaカードのように、電車やバスなどの公共交通機関の運賃の支払いに利用できる交通系ICの1つです。独自ポイントであるJRE POINTと連携させることで、JR東日本の在来線エリアで乗車利用額の50円ごとに1JRE POINTが貯まり、貯まったポイントはSuica残高にチャージすることができます。また、公共交通機関以外にも、スーパーやコンビニ、飲食店などさまざまな場所での支払いに広く利用できます。

8

 モバイルPASMOとは

Suica以外にも交通系ICでは、PASMOがモバイル版に対応しており、AndroidスマホとiPhoneで利用できます。[モバイルPASMO]アプリで新規発行や、持っている記名PASMO／PASMO定期券の取り込みができます(iPhoneは無記名PASMOの取り込みも可能です)。ただし、Androidスマホの機種によっては、モバイルSuicaとモバイルPASMOを同時に登録できない場合があります。利用している定期券のエリアなどでどちらを利用するか決めるとよいでしょう。

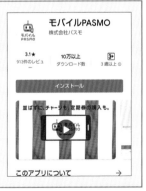

AndroidスマホとiPhoneの
モバイルSuica

Application

AndroidスマホとiPhoneでは、利用できるモバイルSuicaの種類が異なります。利用開始のために必要となるアプリに違いがあるので、ここで確認しておきましょう。

Androidスマホで使えるモバイルSuicaの種類

Androidスマホでは、モバイルSuicaの利用に［おサイフケータイ］アプリと［モバイルSuica］アプリを利用する方法と、［おサイフケータイ］アプリと［モバイルSuica］アプリに加えて［Google Pay］アプリを利用する方法などがあります。モバイルSuicaのすべての機能を利用したいときは、［モバイルSuica］アプリのインストールが必要ですが、［Google Pay］アプリからSuicaの新規発行ができるため、［おサイフケータイ］アプリと［Google Pay］アプリのみでも問題ありません。

そのほかにも［楽天ペイ］アプリでSuicaの発行ができます。利用中のモバイルSuicaを登録することもできるので、楽天カードからチャージしたい場合に便利です。また、［楽天ペイ］アプリ経由で楽天カードからチャージすると、楽天スーパーポイントが貯められ、JRE POINTと連携することで利用金額に応じてJRE POINTを貯められます。

iPhoneで使えるモバイルSuicaの種類

iPhoneでモバイルSuicaを利用するときは、プリインストールされている［Wallet］アプリを利用します。［Wallet］アプリからは、Suicaの新規発行や手持ちのSuicaの取り込み、残高へのチャージなどが行えます。しかし、グリーン券の発行などの機能を利用するには［Suica］アプリが必要です。

また、みずほ銀行口座を持っている場合は、［みずほWallet］アプリから「Mizuho Suica」を発行できます。なお、クレジットカード以外でスマホだけでチャージができるのは、［みずほWallet］アプリのみずほ銀行口座からのみとなっています。

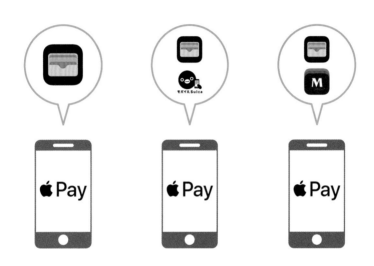

おサイフケータイと Google Pay

Application

モバイルSuica

Androidスマホは、おサイフケータイ（[モバイルSuica] アプリ）や [Google Pay]アプリでSuicaを利用します。なお、本書では [モバイルSuica] アプリでの操作方法を紹介します。

モバイルSuicaの利用には [おサイフケータイ] アプリが必要

Androidスマホで、モバイルSuicaを利用するときは [おサイフケータイ] アプリが必要です。[おサイフケータイ] アプリは、さまざまな電子マネーを1台のAndroidスマホに登録し、使いこなすために必須のアプリです。モバイルSuicaの発行やチャージなどをする場合は、[モバイルSuica] アプリをあわせてインストールする必要があります。また、[Google Pay] アプリでモバイルSuicaを利用するときには、一部機能を除き（P.139参照）現在 [おサイフケータイ] アプリのインストールは必要ありません。ただし、2021年春以降に [Google Pay] アプリでモバイルSuicaを使う際には、[おサイフケータイ] アプリが必要になる予定です。

🔋 [Google Pay] アプリで制限されること

Google Payでは、一部の機能・サービスが制限されています。たとえば、Suicaグリーン券の購入やJRE POINTチャージの受け取りなどです。それらの機能を使いたいときは、[モバイルSuica] アプリで操作を行います。

機能・サービス	Google Pay	モバイルSuica
チャージ (モバイルSuicaに登録したクレジットカード)	—	○
チャージ (Googleアカウントに登録したクレジットカード)	○	—
定期券の購入 (モバイルSuicaに登録したクレジットカード)	○ (継続購入のみ)	○
Suicaグリーン券の購入 (モバイルSuicaに登録したクレジットカード)	—	○
エクスプレス予約サービス (東海道・山陽新幹線) (モバイルSuicaに登録したクレジットカード)	—	○
オートチャージ (ビューカード)	—	○
JRE POINT・Suicaポケットの受け取り	—	○
ネット決済	—	○
再発行 (モバイルSuicaに登録したクレジットカード)	—	○
チャージ払い戻し・退会	—	○

8

Androidスマホで
利用を開始する

AndroidスマホでモバイルSuicaの利用を始めるときは、[モバイルSuica] アプリでモバイルSuicaの入会登録をします。ここでは、Suica定期券の切替えについてもあわせて解説します。

Application

[モバイルSuica] アプリでSuicaを発行する

(1) [モバイルSuica] アプリを起動し、<許可>を2回タップします。

タップする

(2) 「確認事項」画面で<同意する>もしくは<同意する（以降確認なし）>をタップし、画面の指示に従って操作します。

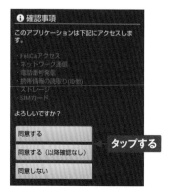

タップする

(3) 初期化の確認画面が表示されるので、<はい>をタップします。

タップする

(4) <次へ>をタップします。

タップする

⑤ 「モバイルSuica」の<入会登録>をタップします。

⑥ 「会員規約・利用特約に同意する」にチェックを付け、<会員情報入力へ>をタップします。

⑦ 氏名などの会員情報を入力し、<各種設定へ>をタップします。

MEMO EASYモバイルSuicaとは

「EASYモバイルSuica」は、クレジットカードの登録なしで発行できるモバイルSuicaです。クレジットカードを持っていなくても、コンビニなどで現金チャージができます。ただし、定期券やSuicaグリーン券の購入、再発行などはできないので注意しましょう。また、クレジットカードを登録すると、通常のモバイルSuicaとして利用できます。

8

8 Suicaパスワードと秘密の質問、秘密の質問の答えを入力します。

10 クレジットカード番号とカードの有効期限を入力し、<次へ>をタップします。

9 ここでは、Suicaを新規発行するので、<定期券を持っていない/定期券を切替えない>をタップし、<クレジットカード情報入力へ>をタップします。

11 セキュリティコードを入力し、<確認画面へ>をタップします。

(12) 入力した内容を確認し、間違いがなければ<登録する>をタップします。

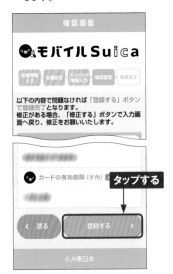

(13) <メニュー>をタップします。

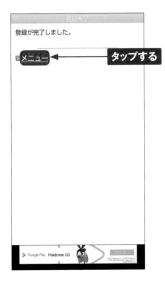

(14) 「マイページ」画面が表示され、登録が完了します。

MEMO Androidで手持ちの Suica定期券を登録する

P.142手順⑨の画面で<定期券をモバイルSuicaに切替える>をタップすると、手順⑫のあとで定期券の内容を入力でき、手持ちのSuica定期券をモバイルSuicaに切替えることができます。なお、切替えは初回の入会登録時のみ可能です。また、切替えたあとは、翌朝5時以降に[モバイルSuica]アプリを起動し、SF（電子マネー）の移行操作を必ず行いましょう。SFの移行操作が行われない場合は、もとのSuica定期券の預り金（デポジット）500円が返金されません。預り金の返金はJR東日本のSuicaエリア内の駅の「みどりの窓口」で受けられます。

8

143

Application

モバイルSuica

Androidスマホで
モバイルSuicaを利用する

モバイルSuicaの電子マネーを利用するには、Suica残高へのチャージが必要です。[モバイルSuica] アプリからは、登録したクレジットカードでチャージができます。

チャージする

(1) 「マイページ」画面で<チャージする>をタップします。

●モバイルSuica

マイページ　チケット購入　その他

Suica残額

0円 ← タップする

チャージする

SF(電子マネー)メニューへ ●

(2) モバイルSuicaのパスワードを入力します。

クイックチャージ入力

※残額：　0円

■パスワード(半角)

◉ モバイルSuicaログイン

○ My JR-EASTログイン ← 入力する

・・・・・・・・

□ パスワードを保存する

※入金(チャージ)額(半角)

1 00　円チャージ

■500円チャージ
■1,000円チャージ

(3) 入金(チャージ)額を入力して、<チャージ>をタップします。

■パスワード(半角)

◉ モバイルSuicaログイン

○ My JR-EASTログイン

・・・・・・・・

❶入力する　ドを保存する　❷タップする

※入金(チャージ)額(半角)

1 1000　円チャージ ◄

■500円チャージ
■1,000円チャージ
■2,000円チャージ
■3,000円チャージ
■5,000円チャージ
■10,000円チャージ

回戻る

MEMO　現金チャージする

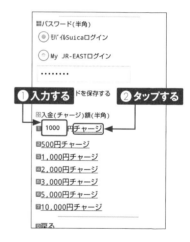

モバイルSuicaに現金でチャージしたいときは、コンビニのレジや一部の駅に設置されているモバイルSuica対応のチャージ機から行いましょう。

8

④ <クイックチャージ>をタップします。

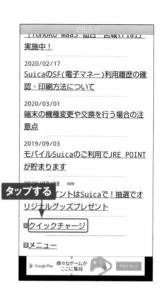

「HONORO MaaS 仙台」古城（121）
実施中！

2020/02/17
Suicaの SF(電子マネー)利用履歴の確
認・印刷方法について

2020/03/01
端末の機種変更や交換を行う場合の注
意点

2019/09/03
モバイルSuicaのご利用でJRE POINT
が貯まります

2020/07/08 NEW

タップする ントはSuicaで！抽選でオ
リジナルグッズプレゼント

▷クイックチャージ

▣メニュー

⑤ <入金する（クレジットカード）>
をタップします。

入金(チャージ)額確認

▣入金額：　　　1,000円
▣入金後総額：　1,000円

タップする で入金(チャージ)します。
を選択した後は、取り消し出来
ません。

▣入金する(クレジットカード)

▣戻る

▣メニュー

Suicaを
WEBで 今すぐ登録

⑥ <メニュー>をタップします。

入金(チャージ)完了

入金(チャージ)が完了しました。

▣入金：　　　　1,000円
▣入金後総額：　1,000円

Suicaはタッチ1秒！

▣メニュー ◀──── タップする

⑦ 「マイページ」画面にSuica残高
が表示されます。

モバイルSuica

マイページ　　チケット購入　　その他

Suica残額　　❓ ヘルプ

1,000円

チャージする

SF(電子マネー)メニューへ ❯

定期券やSuicaグリーン券等の購入をすると、
この部分に表示されます。

MEMO　モバイルSuicaで支払いをする

支払いをするときは、店員に
「Suicaで」と伝えて、Android
スマホを支払い用の端末にかざ
します。かざす際は、Android
スマホにロックがかかっている状
態でも問題ありません。あらか
じめモバイルSuicaの残高を確
認したうえで利用しましょう。

Section **65**

Apple Payと
モバイルSuica

iPhoneでモバイルSuicaを利用したいときは、Apple Pay（[Wallet] アプリ）や [Suica] アプリを利用します。なお、本書では [Suica] アプリを使用したときの操作方法を紹介します。

Application

モバイルSuica

Apple PayはアプリなしでもSuicaの発行ができる

Apple Payは、[Wallet] アプリに登録したクレジットカードやSuicaを利用して支払いができる決済サービスです。[Wallet] アプリからSuicaを新規発行することもできます。[Wallet] アプリでSuicaを新規発行するには、あらかじめ [Wallet] アプリにクレジットカードを登録し、❶→<続ける>→<Suica>の順にタップします。チャージは [Wallet] アプリに登録しているクレジットカードから行います。ただし、[Wallet] アプリで発行できるSuicaは無記名式のみとなっています。また、複数のSuicaを発行・登録できるため、通勤用、プライベート用など目的に応じて使い分けることが可能です。

🔋 Apple Payアプリで制限されること

[Wallet] アプリだけでは利用できない機能・サービスを使いたいときは、[Suica] アプリを利用します。たとえば、定期券やSuicaグリーン券の購入、オートチャージの登録などは [Suica] アプリから行います。

機能・サービス	Apple Pay ([Wallet] アプリ)	モバイルSuica ([Suica] アプリ)
チャージ (モバイルSuicaに登録したクレジットカード)	―	○
チャージ (Apple Payに登録したクレジットカード)	○	○
定期券の購入 (モバイルSuicaに登録したクレジットカード)	―	○
Suicaグリーン券の購入 (モバイルSuicaに登録したクレジットカード)	―	○
エクスプレス予約サービス (東海道・山陽新幹線) (モバイルSuicaに登録したクレジットカード)	―	○
オートチャージ（ビューカード）	―	○
JRE POINT・Suicaポケットの受け取り	―	○
ネット決済	―	○
再発行 (モバイルSuicaに登録したクレジットカード)	―	○
チャージ払い戻し・退会	―	○

8

iPhoneで
利用を開始する

Application

モバイルSuica

iPhoneでモバイルSuicaの利用を始めるときは、[Suica]アプリでSuicaを新規発行します。Suica発行にはクレジットカードが必要です。ここでは、記名式Suicaの新規発行方法を紹介します。

[Suica] アプリでSuicaを発行する

(1) [Suica]アプリを起動し、<Suica発行>をタップします。

新規発行・Suicaカード取り込みをされる方
「Suica発行」を選択してください。

Android・フィーチャーフォンから機種変更される方
「機種変更」を選択してください。

iPhoneから機種変更される方
サーバ連通したSuicaを、こちら（Wallet）で再追加した後、Suicaアプリを起動してください。

タップする

ver 2.70

機種変更　　Suica発行

(2) ここでは、「My Suica（記名式）」の<発行手続き>をタップします。

My Suica (記名式)

発行には会員登録・1,000円以上の入金（チャージ）が必要です。

登録したクレジットカードまたはApple PayでSuicaに入金（チャージ）やチケット購入をご利用頂けます。

端末の不具合・紛失時にご自身でSuicaの利用停止・再発行手続きを行うことができます。

タップする

発行手続き

(3) <会員登録>→<同意する>の順にタップします。

「モバイルSuica会員規約」、「モバイルSuicaによる鉄道利用に関する特約」に同意します。

キャンセル　　同意する

・会員登録の際には入金（チャージ）が必要です。
・登録したクレジットカードまたはApple PayでSuicaに入金（チャージ）やチケット購入をご利用頂けます。

②タップする

①タップする

モバイルSuica会員規約　　モバイルSuicaによる鉄道利用に関する特約

会員登録

(4) メールアドレスやSuicaパスワード、電話番号などの必須項目を入力します。

アカウント

メールアドレス(半角) *
mayuko99mizuno99@gmail.com

入力する

Suica/パスワード(半角) *
※8〜20桁の半角英数字記号
（英字大文字、英字小文字、数字、記号の中から2種類混在必須とします。）

表示

Suica/パスワード(半角) *
（確認のため再度ご入力ください。）

表示

SUICAの名称

⑤ <クレジットカードを登録する>を
タップし、カード番号、カード有
効期限を入力して、<次へ>を
タップします。

⑥ セキュリティコードを入力し、<完
了>をタップします。

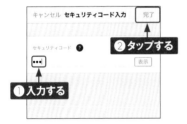

⑦ <金額を選ぶ>→任意のチャー
ジ金額の順にタップし、「支払い
方法」でクレジットカードをタップ
します。

⑧ <続ける>→<次へ>の順にタッ
プします。

⑨ <同意する>をタップします。

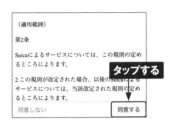

⑩ <完了>をタップします。

⑪ <OK>をタップします。

iPhoneで手持ちの Suicaを登録する

iPhoneでは、所持しているSuicaカードの残高を取り込むことができます。無記名式のSuicaでも問題ありません。もとのSuicaカードの預り金（デポジット）500円も残高に追加されます。

Application

モバイル Suica

手持ちのSuicaを取り込む

(1) 「Suica一覧」画面で⊕をタップします。

(3) <発行手続き>をタップします。

(2) <カード取り込み>をタップします。

(4) <続ける>をタップします。

(5) ＜Suica＞をタップします。

＜戻る

カードの種類

Apple Payに追加するカードの種類を選択。

カード

クレジット/プリペイドカード　　　**タップする**

交通系ICカード

Suica　　　　　　＞

(6) Suicaカードの裏面右下にある「JE」で始まる17桁のSuicaID番号の下4桁と生年月日を入力し、＜次へ＞をタップします。

❷**タップする**　　　　　　　次へ

Suicaを追加

カード情報を入力してください。

SuicaID番号　　1991

生年月日　　　02/15/1995　　⊗

SuicaID番号は、Suicaカードの裏面右下にある「JE」ではじまる17桁の番号です。

❶**入力する**

(7) ＜同意する＞をタップします。

「当社」といいます。）が、ICチップを内蔵するカード等に記録された金銭的価値等（以下、「Suica」といいます。）の利用者に提供するサービスの内容とその利用条件を定め、もって利用者の利便性向上を図ることを目的とします。

（適用範囲）

第2条

Suicaによるサービスについては、この規則の定めるところによります。

2.この規則が改定された場合、以後の　　**タップする**
サービスについては、当該改定された規則の定めるところによります。

同意しない　　　　　　　　　同意する

(8) 画面に表示される通りにSuicaカードの下半分を隠すようにiPhoneを置きます。

＜戻る

カードを転送

上図に表示されている通りに、カードを平らな面に置き、カードの下半分を隠すようにiPhoneをその上に置きます。

Suicaカードそのものは、Walletに追加後、無効となります。

(9) しばらくすると転送が完了し、モバイルSuicaとApple Payに新しいSuicaが追加されます。なお、それまで利用していたSuicaカードは利用できなくなります。

完了

カードの追加 ✓

残高の転送が完了しました。カードの預り金（デポジット）はまもなく追加されます。

プラスチックのSuicaカードは廃棄可能です。再チャージすることはできません。

iPhoneでモバイルSuicaを利用する

Application

モバイルSuica

[Suica] アプリでは、モバイルSuicaに登録したクレジットカードやApple Payに登録されているクレジットカードからチャージができます。

チャージする

1 <入金（チャージ）>をタップします。

2 チャージ金額（ここでは<その他>）をタップします。

3 任意のチャージ金額（ここでは<¥1,000>）をタップします。

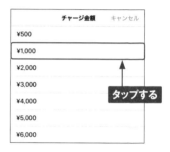

MEMO Apple Payからチャージする

クレジットカードを登録していないSuicaにチャージするときは、Apple Payに登録しているクレジットカードからチャージできます。

④ モバイルSuicaに登録しているクレジットカードをタップします。

⑤ <入金（チャージ）>をタップします。

タップする

入金(チャージ) ¥1,000　金額変更

Pay

閉じる

ver 2.7.0

タップする

チャージ ¥1,000　金額変更

¥1,000 をチャージします。
※選択した場合、取り消しできません。

入金(チャージ)

キャンセル

8

MEMO **モバイルSuicaで支払いをする**

支払いをするときは、店員に「Suicaで」と伝えて、iPhoneを支払い用の端末にかざします。2枚以上のSuicaやPASMOがApple Payに登録されている場合は、「エクスプレスカード」に登録されているほうのカードが利用されます。「エクスプレスカード」に登録されていないカードの残高を使いたいときは [Wallet] アプリを起動し、カードをタップして指定してから支払い用の端末にかざしましょう。

モバイルSuicaの便利な機能

モバイルSuicaでは、登録したクレジットカードを利用して定期券やグリーン券が購入できます。窓口や券売機でわざわざ購入しなくてもスマホだけで購入できて非常に便利です。

Application

モバイルSuica

定期券を購入する

(1) 「マイページ」画面で＜チケット購入＞をタップし、＜定期券＞をタップします。iPhoneの場合は、「Suica一覧」画面で＜チケット購入・Suica管理＞→＜定期券＞の順にタップし、手順④に進みます。

定期券
定期券の購入・変更・払いもどしはこちらから

❶ タップする

ん・グリーン券
ーン券の購入・払い

❷ タップする

クイックグリーン券の購入

(2) Suicaパスワードを入力し、＜モバイルSuicaログイン＞をタップします。

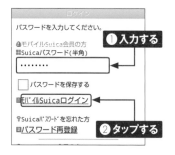

ログイン

パスワードを入力してください。

❶ 入力する

◎モバイルSuica会員の方
▦Suicaパスワード（半角）

・・・・・・・・

□パスワードを保存する

▦モバ゛イルSuicaログイン

♀Suicaパ゛スワート゛を忘れた方
▣パスワード再登録

❷ タップする

(3) ＜定期券購入・変更・払戻＞をタップします。

リジナルグッズプレゼント

▣定期券購入・変更・払戻

▣メニュー　　　　　　**タップする**

(4) ＜モバイルSuica定期券＞をタップします。iPhoneの場合は、P.155手順⑥に進みます。

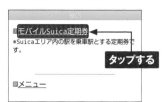

確認

▣モバイルSuica定期券
＊Suicaエリア内の駅を乗車駅とする定期券です。

タップする

▣メニュー

(5) 「注意事項」を読み、＜確認＞をタップします。

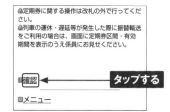

◎定期券に関する操作は改札の外で行ってください。
◎列車の運休・遅延等が発生した際に振替輸送をご利用の場合は、画面に定期券区間・有効期間を表示のうえ係員にお見せください。

▣確認　　　　　　**タップする**

▣メニュー

8

(6) <新規購入>をタップします。

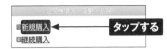

(7) ここでは、<通勤定期券>をタップします。

(8) 乗車駅と降車駅を入力し、<次へ>をタップします。

(9) 乗車駅と降車駅を選択し、<次へ>をタップします。

(10) 経路（ここでは<経路1>）をタップします。

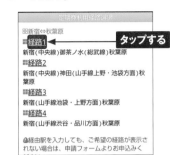

(11) 使用開始日と期間を選択し、<確認する>（iPhoneの場合は、<次へ>）をタップします。

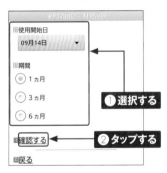

(12) <クレジットカードで購入する>（iPhoneの場合は、<Pay>）をタップして購入します。

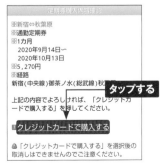

8

📱 グリーン券を購入する

① 「マイページ」画面で<チケット購入>をタップします。iPhoneの場合は、「Suica一覧」画面で<グリーン券>をタップし、手順④に進みます。

② <Suicaグリーン券>をタップします。

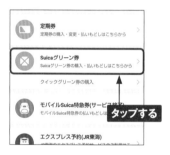

③ <Suicaグリーン券購入・払戻>をタップします。

④ <確認>（iPhoneの場合は、<完了>）をタップします。

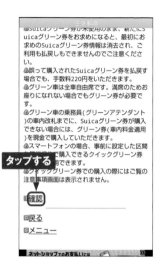

⑤ <新規購入>をタップします。

6 乗車駅を入力し、<次へ>をタップします。iPhoneの場合は、乗車駅と降車駅を入力して、<次へ>をタップしたら手順⑩に進みます。

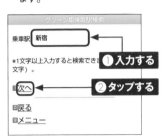

7 乗車駅を選択し、<降車駅の入力へ>をタップします。

8 降車駅を入力し、<次へ>をタップします。

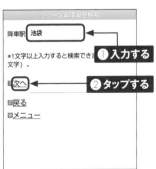

9 降車駅を選択し、<次へ>をタップします。

10 <クレジットカードで購入する>（iPhoneの場合は、<Pay>）をタップして購入します。

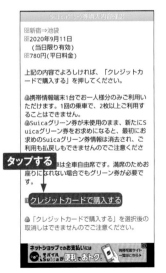

8

JRE POINTを貯める

Application
モバイルSuica

鉄道利用などで貯められるJRE POINTは、モバイルSuicaとは別にJRE POINT WEBサイトの会員登録が必要です。貯めたJRE POINTは、Suicaの残高にチャージして利用できます。

JRE POINT WEBサイトに会員登録する

① Webブラウザで「https://www.jrepoint.jp」にアクセスし、＜いますぐ新規登録＞をタップします。

② メールアドレスとパスワードを入力し、「JRE POINT会員規約に同意する」にチェックを付け、＜次へ＞をタップします。

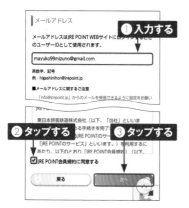

③ ＜仮登録する＞をタップします。

④ 届いたメールのURLをタップします。

【JRE POINT】 WEBサイト会員登録申込みを受付けました ☆

以下のURL... 手続きを完了してください。
https://www.jrepoint.jp/entry/ タップする

⑤ 手順②で入力したメールアドレスとパスワードを入力し、＜ログイン＞をタップします。

6 4 ～ 8桁の数字の第2パスワードを2回入力し、<次へ>をタップします。

7 <Suicaで登録される方>をタップします。

8 <モバイルSuica>をタップします。

9 モバイルSuicaのメールアドレスとパスワード、氏名（カナ）、誕生日を入力し、<次へ>をタップします。

10 氏名（漢字）や住所を入力し、<次へ>をタップします。

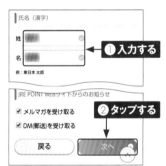

11 <登録する>をタップします。

8

📱 JRE POINTを確認する

① Webブラウザで「https://www. jrepoint.jp」にアクセスし、＜ログイン＞をタップします。

② JRE POINT WEBサイトのユーザーIDとパスワードを入力し、＜ログイン＞をタップします。

③ 保有ポイントが表示されます。ポイントをタップします。

④ 第2パスワードを入力し、＜再認証＞をタップします。

⑤ 「ポイント履歴」が表示されます。

JRE POINTをモバイルSuicaにチャージする

(1) ≡→<会員ページ>の順にタップします。

(2) 「ポイントを使う」の<Suicaチャージ申込み>をタップします。

(3) チャージするSuica（ここでは<Suica種別：モバイルSuica>）をタップします。

(4) 交換するポイント数を入力し、<次へ>をタップします。

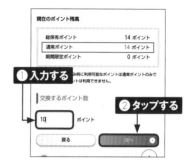

(5) <申込む>をタップします。

(6) Suicaチャージの申込みが完了します。

⑦ Androidスマホの場合、[モバイルSuica]アプリで<Suicaポケット○件貯まっています>をタップします。

タップする

⑧ <ポイントチャージ>をタップします。

受取手続きを行うサービスを選択してください。

ポイントチャージ ← タップする
JR東日本（ポイントチャージ）
10円
[期限]2020/09/21 23:59

⑨ <入金（チャージ）する>をタップしてチャージします。

Suicaポケット内容確認
田サービス名
ポイントチャージ
田会社名
JR東日本（ポイントチャージ）
田受取額
10円
田現在のSuica残額
0円
田受取後のSuica残額
10円
田Suicaポケット依頼ID

田受取期限
2020/09/21 23:59

Suicaポケット利用規約をご覧いただき、同意の上、上記内容で受取手続きし、SF(電子マネー)に入金（チャージ）しますか。

Suicaポケット利用規約

入金(チャージ)する ← タップする

Suicaポケット一覧

8

📝 **MEMO** iPhoneでポイントチャージする

iPhoneの場合は、手順⑦の手順が異なります。[Suica] アプリで<チケット購入・Suica管理>→<Suicaポケット一覧>の順にタップし、以降は手順⑧からの操作を行います。

タップする

タップする

キャッシュレス決済
Q&A

バッテリーが
切れてしまったら?

Application

スマホのキャッシュレス決済は、バッテリーが切れてしまうと、支払いに利用できなくなる場合があります。心配なときはモバイルバッテリーを持ち歩くようにしましょう。

モバイルSuicaは利用できる場合がある

QRコードを表示して支払いをする「QRコード決済」は、アプリを起動する必要があるため、バッテリーが切れてスマホ画面が表示できなくなると、支払いができません。しかし、モバイルSuicaやメルペイのiD支払い、おサイフケータイ、Google Pay、Apple Payなどの「非接触型決済」は、わずかな電力でも利用できるので、充電が必要になった状態でも決済ができる場合があります。なお、Androidスマホのおサイフケータイは、電池残量が残っていれば電源オフでも利用可能です。また、iPhoneはXS以降の機種には予備電源があるので、モバイルSuicaなどはエクスプレスカードに設定していれば、電池が切れてもしばらくの間は利用できます。たとえば、モバイルSuicaで鉄道を利用中にバッテリーが切れてしまったときは、まず自動改札機にそのままかざしてみます。反応がなく、改札を通れない場合は、駅員にバッテリーが切れてしまったことを申告し、その場は運賃を現金で支払います。後日、スマホの充電が十分にある状態で駅の窓口で改札入場時のデータを消去してもらいましょう。

9

■ モバイルバッテリーを持ち歩くと安心

長距離移動があるときや、旅行で1日中外出するときなどは、スマホのバッテリーが切れてしまうことがあります。外出先でモバイルバッテリーを購入できることもありますが、どこでも購入できるわけではありません。また、購入したモバイルバッテリーは十分な充電がされているわけではないので、スマホをフル充電させることはできないこともあります。

わずかな電力でも利用できる「非接触型決済」と異なり、「QRコード決済」はアプリを起動してオンラインでコードを表示させるだけの電力が必要です。バッテリーが持つか心配なときは、モバイルバッテリーをあらかじめ購入し、充電をしたうえで持ち歩くようにするとよいでしょう。

万が一、外出中に充電が不足してしまい、モバイルバッテリーも持っていないときは、カフェなどの充電スポットを利用するか、コンビニなどで利用できるモバイルバッテリーのレンタルサービスを利用すると便利です。充電スポットやモバイルバッテリーのレンタルサービスの設置場所は、サービスのホームページなどで確認できます。

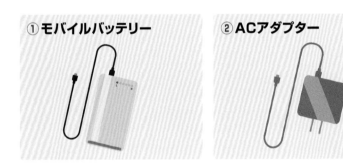

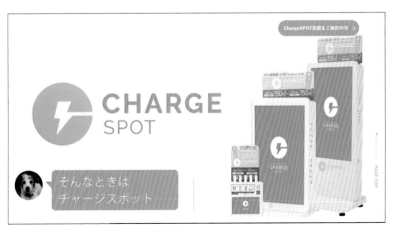

ChargeSPOT　https://www.chargespot.jp/

QRコードが
読み込まれないときは?

Application

QRコードをお店で提示したときになかなか読み込まれず、支払い
ができないことがあります。そんなときは、スマホの画面を明るくす
ると読み込まれやすくなります。

スマホの画面を明るくする

QRコード決済のコード画面が暗いと、お店でコードを提示したときになかなか読み込まれ
ないことがあります。スマホの設定で画面を明るくすると読み込まれやすくなるので、設定
方法を覚えておくとよいでしょう。また、サービスによってはコード画面を開くと、画面が
自動で明るくなるものもあります。

● Androidスマホの場合

Androidスマホの場合は、画面の最上部を下方向
に2回スワイプし、🔆を右方向にスワイプすると、画
面を明るくできます。

● iPhoneの場合

iPhoneの場合は、画面右上を下方向にスワイプし
(ホームボタンのあるモデルは画面の最下部を上方
向にスワイプし)、🔆のバーを上方向にスワイプする
と、画面を明るくできます。

おサイフケータイが反応しないときは?

Application

Androidスマホを支払い用の端末にかざしても反応しないようであれば、[設定]アプリを確認します。また、アプリが最新版になっているかも[Playストア]アプリで確認しましょう。

設定を確認する

(1) [設定]アプリで<接続済みの端末>をタップします。

(2) <接続の設定>をタップします。

(3) <NFC / おサイフケータイ設定>をタップします。

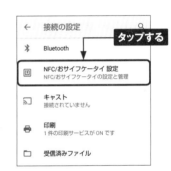

(4) 「NFC / おサイフケータイロック」がオフになっていることを確認します。

Section **74**

クレジットカードは必須?

Application

スマホのキャッシュレス決済は、クレジットカードの登録が必要になる場合があります。クレジットカードの登録が不安な場合は、登録しなくても利用できるサービスを使うとよいでしょう。

サービスによってはクレジットカードがいらないものもある

国際ブランド付きのデビットカードを持っていれば、それを登録することができます。国際ブランド付きのプリペイドカードは、サービスによって登録を制限されている場合があります。なお、サービスによって登録できる国際ブランドの種類が異なるので登録の際に確認が必要です。
クレジットカードの登録が必要ないサービスもあります。その場合は、銀行口座の登録や携帯電話通話料金との合算支払い、現金チャージでの利用が可能です。

サービス名	支払い方法
LINE Pay	・銀行口座 ・現金
PayPay	・銀行口座 ・現金 ・ヤフオク!・PayPayフリマ の 売上金 ・ソフトバンク・ワイモバイルまとめて支払い
楽天ペイ	・楽天銀行口座 ・ラクマの売上金
d払い	・銀行口座 ・現金 ・電話料金合算払い
au PAY	・auじぶん銀行口座 ・ローソン銀行口座 ・現金 ・au PAYチャージカード ・auかんたん決済
メルペイ	・銀行口座 ・現金 ・メルカリの売上金

9

Section **75**

Application

使える場所を探せる？

QRコード決済サービスの場合、主要サービスのほとんどで利用できる場所を地図表示させる機能があります。ここでは、本書で紹介したQRコード決済サービスの例を解説します。

各サービスのアプリで確認する

①LINE Pay

「LINE Pay」画面で＜使えるお店＞をタップすると、現在地周辺の地図と店舗情報が表示されます。また、Androidスマホでバーチャルカードを発行してGoogle Payに登録すると、利用できるQUICPayの店舗情報を表示することもできます。

②PayPay

「ホーム」画面で＜近くのお店＞をタップすると、現在地周辺の地図と店舗情報が表示されます。カテゴリでお店を探す機能や、お店からのお知らせを表示する機能もあります。

③楽天ペイ

ホーム画面で画面右上の🖬をタップすると、「使えるお店 一覧」画面が表示されます。地図で見たいときは🖽をタップすると、現在地周辺の地図と店舗情報が表示されます。

④d払い

「ホーム」画面で＜お店＞をタップすると、街で利用できるお店の店舗名一覧が表示されます。＜現在地キーワードから探す＞をタップすると、現在地周辺の地図と店舗情報が表示されます。

⑤au PAY

「HOME」画面で＜使えるお店＞をタップし、「au PAY（コード支払い）」の＜地図からお店を探す＞をタップすると、地図が表示されます。キーワードやカテゴリでお店を探す機能もあります。

⑥メルペイ

「メルペイ」画面で＜使えるお店＞をタップすると、現在地周辺の地図と店舗情報が表示されます。キャンペーンが行われているお店には、キャンペーンアイコンが表示されます。

9

Application

友だちに
送金したいんだけど?

食事代や飲み物代として借りたお金を返したいときには、QRコード決済サービスの送金機能が便利です。各サービスの残高を送ることができますが、本人確認が必要な場合が多いです。

📱 送金機能のあるサービスを利用する

❶ LINE Pay

「LINE Pay」画面で<送金>をタップすると、送金のメニューが表示されます。 LINE Payの送金は、残高をLINEで送金する方法と銀行口座に振り込む方法の2種類があります。

❷ PayPay

「ホーム」画面で<送る・受け取る>をタップし、<リンクを作成>をタップすると、送金リンクを作成できます。送金リンクは、メールやLINEなどで友だちに送ることができ、友だちが送金リンクにアクセスすることでPayPay残高を受け取れます。

❸楽天ペイ

ホーム画面で＜送る＞をタップすると、楽天キャッシュ残高が表示され、＜楽天キャッシュを送る＞をタップして送金します。詳細はP.76 ～ 77を参照してください。

❹d払い

「ホーム」画面で＜送金＞をタップし、送金の手続きをします。詳細はP.94 ～ 95を参照してください。

❺au PAY

「HOME」画面で＜送る・受取る＞をタップして送金の手続きをします。au PAYの送金機能は、auじぶん銀行口座を持っている場合に利用できます。

❻メルペイ

「メルペイ」画面で＜おくる・もらう＞をタップし、＜友だちにおくる＞をタップすると送金の手続きができます。メルペイの送金機能の利用には、本人確認が必要です。

Application

利用履歴を確認できる？

スマホのキャッシュレス決済の各アプリでは、チャージ（入金）履歴や支払い（出金）履歴を確認できます。サービスによっては、ポイントや銀行口座の残高もまとめて管理できます。

各サービスのアプリで確認する

❶LINE Pay

「ウォレット」画面で＜利用レポート＞をタップすると、LINE Payの入出金が表示されます。カレンダーで表示することも可能です。

❷PayPay

「ホーム」画面で＜その他＞をタップし、「履歴」の＜利用レポート＞または＜取引履歴＞をタップします。利用レポートでは支払い額をグラフ表示でき、取引履歴では入金や支払いの状態やPayPay残高付与の状況が確認できます。

❸楽天ペイ

ホーム画面で≡→＜ご利用履歴＞→＜楽天ペイ＞（iPhoneの場合は＜楽天ペイお支払い履歴＞）の順にタップすると、当月の利用金額の履歴が表示されます。

❹d払い

「ホーム」画面や「ウォレット」画面で<ご利用履歴>をタップすると、「履歴一覧」画面が表示されます。dポイントの送受信明細も確認できます。

❺au PAY

<お金の管理>をタップすると、履歴が表示されます。<資産・カード>をタップすると、登録した銀行口座やクレジットカードの利用残高をまとめて管理できます。

❻メルペイ

「メルペイ」画面で<利用履歴>をタップします。メルペイ残高の利用履歴が表示されます。

❼モバイルSuica

<その他>→<SF（電子マネー）利用履歴>（iPhoneでは<チケット購入・Suica管理>→<SF利用履歴（前日まで）>の順にタップするとSuicaの利用履歴が表示されます。

お金を使い過ぎて
しまわない?

スマホのキャッシュレス決済を始めると、便利でつい使い過ぎてしまうことがあるかもしれません。使いすぎを防ぐには、家計簿アプリなどを使って自己管理することが大切です。

家計簿アプリなどを利用して自己管理する

スマホのキャッシュレス決済は、便利な分使い過ぎないか心配だと考える人もいることでしょう。現金と異なって、残金や使ったお金がはっきりと見えないことが不安の一部になっている可能性があります。そういったときは、Sec.77の利用履歴を各サービスのアプリでこまめに確認することで、ある程度使ったお金を把握できます。

また、銀行口座やポイントサービス、スマホのキャッシュレス決済などと連携できる家計簿アプリを活用すると、さまざまなサービスの利用履歴や残高を一元管理できます。銀行口座やクレジットカード、電子マネー、証券、年金など毎日のお金の出入りをまとめて見える化することで、自己管理がしやすくなります。現金で支払いをした情報も、レシートの取り込みでかんたんにできるサービスもあります。

📱 おすすめの家計簿アプリ

❶ Zaim

クレジットカードや銀行口座、証券のほかに、モバイルSuicaやLINE Pay、PayPay、au PAYなどと連携できます。また、Amazonや楽天市場といったECサイトと連携できる点でもおすすめです。

❷ マネーフォワード ME

モバイルSuicaやモバイルPASMO、LINE Pay、au PAYなどと連携可能です。携帯電話料金とも連携ができるので、携帯電話料金との合算支払いをしているときに便利です。

❸ LINE家計簿

LINEの家計簿サービスです。［LINE］アプリから利用できるほか、専用のアプリも配信されています。LINE Payが自動で連携され、モバイルSuicaも連携可能です。また、LINEのトークで金額を入力するだけで支出をかんたんに管理できるので、LINEをよく利用する人におすすめです。

9

決済の取り消しはできる?

QRコード決済で決済の取り消しをしてもらうと、その場ですぐに返金処理が行われます。返金されたお金は、決済に利用したサービスの残高に加算されるしくみになっています。

Application

その場で返金処理がされる

一度購入した商品を返品したいというときには、会計をしたレジで返金処理をしてもらいます。返金方法は、クレジットカードで支払いをしたときの返金方法と基本的に変わりません。また、クレジットカードで支払いをしたときの返金処理では、返金までに時間がかかりますが、スマホのキャッシュレス決済はその場ですぐに残高に返金されます。
なお、店舗によっては不良品以外の返品を受け付けていないことがあるので注意しましょう。

●QRコード決済の返金のしくみ

9

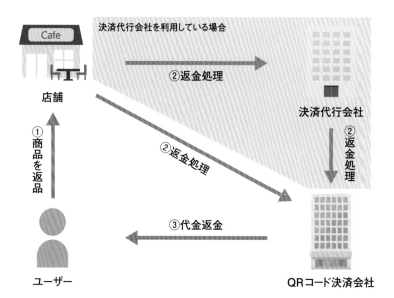

災害時は利用できる?

Application

災害が起きて通信回線が不通になったり、停電が起きたりするとスマホのキャッシュレス決済は利用できないことがあります。使えないときのために、現金も持ち歩くと安心です。

もしものために現金も持っておくと安心

モバイルSuicaやおサイフケータイなどは、電波が届かない圏外でも利用できますが、QRコードやバーコードなどのキャッシュレス決済は、インターネット接続を必要とします。そのため、通信回線が不通となってしまうような大規模災害が発生すると、基本的に利用できなくなります。2020年10月現在、日本国内でサービスを提供している主要なスマホのキャッシュレス決済は、オフライン決済機能を備えていません。中国のAlipayなど海外のキャッシュレス決済サービスでは、オフライン決済機能をすでに備えているものもあり、日本のキャッシュレス決済サービスでも機能が追加されることがあるかもしれません。

また、通信回線が生きている場合、キャッシュレスの対応店舗が充電式決済端末やスマホ・タブレットを利用しているときは、スマホのキャッシュレス決済が利用できます。しかし、停電が発生するとPOSレジが使えなくなるため、スマホのキャッシュレス決済は利用できないと思ってよいでしょう。

災害はいつ、どこで発生するか予想がつかないことが多いです。もしもの備えとして、ある程度の現金を持ち歩いておくと安心です。

9

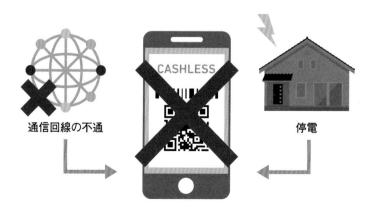

通信回線の不通　　　　　　　　　　　　　　　　　　　停電

Section **81**

スマホを
なくしてしまったら?

Application

Androidスマホの場合は「デバイスを探す」機能で、iPhoneの場合は「iPhoneを探す」機能でスマホを遠隔操作でロックすることができます。万が一に備えて確認しておきましょう。

Androidスマホで「デバイスを探す」をオンにする

1 [設定] アプリで<セキュリティと現在地情報>をタップします。

2 <デバイスを探す>が「OFF」の場合はタップします。

3 ○ をタップします。

4 「デバイスを探す」がオンになります。

📱 パソコンでAndroidスマホを探す

① パソコンのWebブラウザで「デバイスを探す」（https://android.com/find）にアクセスし、Androidスマホに登録しているGoogleアカウントでログインします。

Google

ようこそ

🔵 mayuko99mizuno@gmail.com ∨

❶入力する

パスワードを入力

••••••• 👁

このアプリを使用する前に、Find My Device の
プライバシー ポリシーと利用規約をご確認ください。

パスワードをお忘れの場合   次へ

❷クリックする

② ＜承認＞をクリックすると、Androidスマホの現在地が表示されます。＜デバイスの保護＞をクリックすると、Androidスマホをロックできます。

Google デバイスを探す   ⚙ 水野

Sharp AQUOS sense3 SH ⓘ

最終検知 たった今   ↻

▼ ▬▬▬▬▬

🔋 100%

🔊 音を鳴らす   ＞

デバイスがマナーモードになっている場合で
も、着信音を5分間鳴らします。

🔒 デバイスを保護   ＞

デバイスをロックし Google アカウントからログ
アウトします。ロック画面にメッセージや電話
番号を表示できます。ロック後も引き続きデバ
イスの位置特定が可能です。

クリックする

✖ デバイスデータを消去   ＞

デバイスのデータをすべて完全に消去します。
消去後はデバイスの位置を特定できなくなりま
す

📱 iPhoneで「iPhoneを探す」をオンにする

(1) [設定] アプリで自分の名前をタップします。

(2) <探す>をタップします。

(3) <iPhoneを探す>が「オフ」の場合はタップします。

(4) ⬜ をタップします。

(5) 「iPhoneを探す」がオンになります。「最後の位置情報」をオンにしておくと、バッテリーが切れてしまっていても最後にiPhoneがあった場所の位置情報がわかります。

パソコンでiPhoneを探す

① パソコンのWebブラウザ で「iCloud」(https:// www.icloud.com/) にアクセスし、iPhone に登録しているApple IDでログインします。

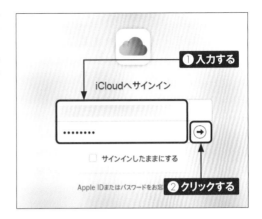

② <iPhoneを探す>をク リックします。

③ iPhoneの現在地が表 示されます。<紛失モー ド>をクリックすると、 iPhoneをロックできま す。

機種変更するときの引き継ぎってどうするの？

Application

スマホの機種変更をするときに引き継ぎ手続きに失敗してしまうと、残高の移行が難しくなったり、時間がかかってしまったりとトラブルにつながります。あらかじめ移行方法を確認しましょう。

おサイフケータイは移行の手続きが必要

機種変更によって、おサイフケータイを移行する場合は、登録中の決済サービスごとに以降の手続きが必要です。

手続きの仕方には3種類の方法があります。1つ目は古いスマホからデータの預け入れを行い新しいスマホで受け取るパターン、2つ目は古いスマホから情報を削除して新しいスマホで再設定するパターン、3つ目は事前の手続き不要で新しいスマホで再設定するパターンです。

本書で紹介した［モバイルSuica］アプリは1つ目のパターンで移行手続きをします。まずは古いスマホの［モバイルSuica］アプリで「マイページ」画面から＜その他＞→＜会員メニュー＞の順にタップし、モバイルSuicaにログインします。＜会員メニュー＞→＜携帯情報端末の機種変更＞→＜機種変更する＞→＜終了する＞の順にタップすると、古いスマホの移行手続きは終了です。次に、新しいスマホで［モバイルSuica］アプリをインストールして起動し、「入会画面」で＜再発行・機種変更の方はこちら＞をタップして、モバイルSuicaにログインします。メールアドレスなどが変更になる場合は＜携帯情報端末の情報変更＞をタップして修正し、＜初期設定をする＞→＜実行する＞→＜メニュー＞の順にタップすると、機種変更の手続きが完了します。

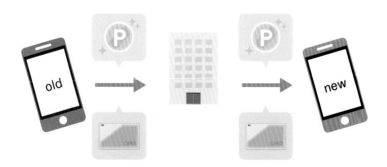

⬛ QRコード決済はアカウントにログインするだけ

ほとんどのQRコード決済サービスは、アプリを新しいスマホにインストールし、古いスマホで利用していたアカウントにログインするだけで機種変更が完了します。しかし、サービスごとに機種変更の手続きが必要になったり、AndroidスマホからiPhone ／ iPhoneからAndroidスマホに機種変更する場合に注意が必要になったりするサービスもあります。機種変更が完了したら、古いスマホはアカウントをログアウトしたうえでアプリをアンインストールしましょう。

① LINE Pay

LINEアカウントの引き継ぎを行うことでLINE Pay残高も引き継ぐことができます。引き継ぎが心配なときは、「LINEあんぜん引き継ぎガイド」（https://guide.line.me/ja/migration/）を参考にしましょう。

② PayPay

新しいスマホの電話番号が古いスマホと同じ場合は、新しいスマホでアプリをインストールしてログインします。電話番号が変更になる場合は、機種変更する前に古いスマホで新しい電話番号への変更手続きが必要です。

③ 楽天ペイ

PayPayと同様に電話番号に変更がなければ、新しいスマホでアプリをインストールしてログインします。電話番号が変更になる場合も同様です。ログインの際にクレジットカードのセキュリティコードの入力操作があります。

④ d払い

新しいスマホでアプリをインストールしてログインすることで機種変更ができます。ただし、ドコモから別の携帯電話会社に変更した場合などでドコモ口座が解約になる場合があるので注意しましょう。

⑤ au PAY

電話番号に変更がなければ、新しいスマホでアプリをインストールしてログインします。電話番号が変更になる場合は、機種変更する前に古いスマホで新しい電話番号への変更手続きをします。

⑥ メルペイ

新しいスマホでアプリをインストールしてログインすることで機種変更ができます。iDを設定している場合は、古いスマホから削除する必要があります。詳しくはホームページなどを確認しましょう。

9

格安SIMの端末でも利用できる?

スマホのキャッシュレス決済、とくにQRコード決済は、アプリを介して決済を行うため、格安SIM端末でも利用できます。ただし、通話機能は必要となる場合があります。

携帯電話会社に関係なく利用できる

QRコード決済は、アプリを介して決済を行います。そのため、決済をする際にはインターネット接続さえあれば、携帯電話会社に関係なく利用できます。端末や携帯電話会社を選ばずに利用できることが、QRコード決済のメリットです。ただし、セキュリティ強化のために電話番号による認証を行うサービスも多くあります。データ専用のSIMを使っている場合は、電話番号によるSMS認証ができないので注意が必要です。なお、データ専用のSIMでも電話番号が割り振られていることがありますが、SMSを利用してしまうと違約金を請求される場合があります。

おサイフケータイを始めとするAndroidスマホの非接触型決済を利用する際も、携帯電話会社に関係なく決済を利用することができます。しかし、スマホがFeliCaに対応していない場合は使えません。メーカーのホームページなどでFeliCa対応またはおサイフケータイ対応と表記があるAndroidスマホであれば利用可能です。

docomo NTT

LINE MOBILE

UQ mobile

au

SoftBank

Y! mobile